ベストな意思決定を
導く技術

「Excel」で

勤かしながら学ぶ

数理

最適化

Mathematical
optimization with Excel

データサイエンティスト 三好大悟

インプレス

はじめに

　本書を執筆している2023年7月現在、IT・Web業界を中心に、「ChatGPT」「生成AI」といったサービスが流行し、実際に生活や業務でそれらを活用する方々が出始めています。ChatGPTとは、OpenAIという高度な人工知能（AI）の開発・研究企業が開発したAIサービスの一種で、多様な文章を生成できます。またChatGPTは「生成AI」といわれる技術の1つでもあります。さまざまな生成AIを使いこなすことにより、画像・音声・文章・プログラミング言語などを自動生成できます。これらの技術は、現在急速に発展してきており、今後さまざまな分野での活用が期待されています。

　このように、今や「AI」という単語は市民権を獲得してきており、またAIに関連するような、機械学習やDX（デジタルトランスフォーメーション）といった言葉も流行し、多くの企業がデータ活用やDXの重要性を実感しているでしょう。またここ数年は、新型コロナの影響もあり、日本全体として、IT化やDXの促進に対して、前向きな兆しが見えつつあるようにも思えます。

　そのような背景もあり、ご自身の生活や業務において、AI・データサイエンスをどう適用・活用するか、ぜひ多くの方に知ってもらいたいというのが、本書を執筆する1つのきっかけでした。ただ、AI・データサイエンスといっても、非常にさまざまな技術を使いこなす必要があります。そのなかでも本書では、「数理最適化」という技術・手法の学習に主眼を置きます。

　数理最適化を選んだ背景を少し紹介しましょう。近年、ビジネスの現場において、より効率的な意思決定が求められるようになってきました（もちろん日々の生活でも、適切な意思決定は重要ですね）。数理最適化は、そのような要求に応える手段として注目され、ますます需要が高まっています。しかし、数理最適化は高度な数学的技術を要するため、初学者にとってはハードルが高く感じるかもしれません。実際に、数理最適化を学ぶ書籍もいくつか存在し

ますが、その多くが、数理最適化の "アルゴリズムを理解すること" に重き
をおいている書籍が多い印象です。これから専門的に数理最適化を学びたい
理系の学生や研究者、といった方々が読むイメージです。しかし現在、アル
ゴリズムの詳細や、数学についての専門知識がなくても数理最適化に活用で
きる Excel などのツールが普及しています。初学者が日常生活やご自身の業
務・ビジネスにおいて、どのように数理最適化を活用できるか知り、実際に
試すことが可能になっています。

　そこで、本書では Excel を使ったハンズオン演習を用いて、初学者でもわ
かりやすく、かつ実践的な数理最適化の技術を学べるように工夫しました。
なお、本書を手軽に読んでいただきたい思いもあり、手元で Excel を開かな
くとも読めるように図解してあります。腰を据えて学びたい方は Excel も使
いながら、手軽に読みたい方は本書だけを読み進めてと、どちらの形でも学
べます。さらに、仕事や日常生活においても活用できるように、社会や業務
におけるケーススタディをベースにして学びを深められるような構成となっ
ています。本書を通じて、読者の皆様に、数理最適化を使った問題解決の手
法を身につけていただければ幸いです。

三好大悟

CONTENT

Chapter 1　泥棒が数理最適化を学んだら? 11

Chapter 2　数理最適化で何ができるのか? 37

Chapter 3 ┃ ケース1 ┃ 商品価格を最適化して、
売上を最大化しよう　　　65

Chapter 6 ケース4 シフトスケジュールを最適化 して、稼働人数を最小化しよう 161

Chapter 7 ケース5 　観光ルートを最適化して、　201
移動距離を最小化しよう

Appendix 泥棒の問題を、Excelで解いてみよう 253

本書の読み方

　本書では、全体像をイメージしやすいように、各章の最初に、その章で学ぶポイントを整理しています。また、学んだことをすぐ実践できるように、Excelを使った数理最適化の実践方法も解説しています。

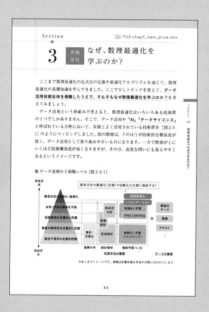

■ セクションの説明

以下の順番で解説を進めていきます。

課題発見
数理最適化の考え方を適用できる、ビジネス上の課題を取り上げます。

問題設定
課題を解決するために、どのような目標を設定するか説明します。

Excel実践
Excelのソルバー機能を実際に使って、最適化の問題を解いていきます。

 練習用ファイルのダウンロードについて

Chapter3以降の「Excel実践」のSectionで使用する練習用ファイル（xlsx 形式）は、以下のURLからダウンロードできます。

https://book.impress.co.jp/books/1122101121

※画面の指示に従って操作してください。
※ダウンロードには「CLUB Impress」への登録（無料）が必要です。
※練習用ファイルは、本書籍の範囲を超えての使用を想定していません。

Chapter

1

泥棒が数理最適化を
学んだら？

Chapter 1
この章で学ぶこと

　いきなり数理最適化の具体的な話に入る前に、まずChapter1では、その導入として、**ビジネスや身の回りの世界において、数理最適化をどういった事象に応用できそうか？**というイメージを深めていきます。

　具体的には、最初に「泥棒の問題」というわかりやすい事例を取り上げます。この問題をもとに、どういった事象を数理最適化の問題として捉えることができるか？ 実際に数理最適化の技術を応用することで、どのような利便性がもたらされるか？といったことを紹介していきます。

■ 本書の全体像 ［図 1-0-1］

Chapter1 数理最適化の導入	→	**Chapter2** 数理最適化における基礎知識

連続最適化

Chapter3
事例 1　商品価格の最適化

Chapter4
事例 2　広告媒体の予算配分の最適化

Chapter5
事例 3　金融資産の投資比率の最適化

組み合わせ最適化

Chapter6
事例 4　シフトスケジュールの最適化

Chapter7
事例 5　ルートの最適化

Chapter1でわかること

☑ 「泥棒の問題」とは何か？を理解する

☑ ビジネス・身近な世界は数理最適化問題で溢れていることを知る

1 「泥棒の問題」を考えてみよう

━「泥棒の問題」とは？

　それでは数理最適化の世界を覗いてみましょう。まずは『泥棒の問題』という例を紹介します。ここではある海賊を例に、この問題がどういうものかつかみましょう。

　あるところに、大海原に眠る財宝を探す旅に出た海賊がいます。長い航海のすえようやく財宝を見つけた彼は、すべてを持ち帰りたいと考えています。しかし船には水や食料なども積んでおり、あらかじめ積んであった1つの宝箱に入るだけしか持ち帰れません。**手に入れた財宝の価値が最大になる**ように宝箱に詰めるにはどうしたらよいでしょうか。

■ 海賊が直面している問題 [図 1-1-1]

	価値	重量
イヤリング	600	50
ネックレス	200	30
懐中時計	1,400	125
指輪	500	75
宝石箱	150	400
王冠	1,000	125
ドレス	3,500	500
金の延べ棒	2,800	300
金貨	1,000	100
宝石	6,000	700

> できるだけ高く儲けたいから、価値が一番高くなるように財宝を持って帰りたい。
>
> ただ、自分の宝箱にはある程度の重さまでしか、荷物は入れられない。
>
> さて、どの財宝を持ち帰るのがよいのだろうか……？

　各財宝が持っている価値や、その重量は、[図1-1-1] に記載されているものだとしましょう。単位は今回の問題の本質とは関係ないため無視します。もちろん、海賊がその場で財宝それぞれの価値・重量を正確に知ることはできないし、宝箱には体積の制限などもあるので、現実的ではない部分もありますが、ひとまずは、"わかりやすい"問題として、捉えてください。

━━ 海賊が持ち帰るべき金品の組み合わせを考えよう

　さて、この問題に直面した海賊は、はたしてどのように財宝を組み合わせて持ち帰れば、自分の宝箱に収めつつ価値を最大にできるでしょうか？　まずは難しいことを考えずに、単純な算数で考えてみましょう。基本的には、財宝ごとに「持ち帰る」か「持ち帰らないか」の2択になります。イヤリングを持ち帰るか・持ち帰らないか、といった具合です。それを、今回の全10品に関して考えることになります。

■ 各財宝を持ち帰るか／持ち帰らないかの組み合わせを考える ［図1-1-2］

持ち帰らないのであれば0、
持ち帰るのであれば1

	パターン1	パターン2	パターン3	⋯	パターン？
イヤリング	0	1	0	⋯	1
ネックレス	0	0	1	⋯	1
懐中時計	0	0	0	⋯	1
指輪	0	0	0	⋯	1
宝石箱	0	0	0	⋯	1
王冠	0	0	0	⋯	1
ドレス	0	0	0	⋯	1
金の延べ棒	0	0	0	⋯	1
金貨	0	0	0	⋯	1
宝石	0	0	0	⋯	1

| 何も 持ち帰らない | イヤリング だけ持ち帰る | ネックレス だけ持ち帰る | | 全部持ち帰る |

　［図1-1-2］のように、持ち帰らないのであれば0、持ち帰るのであれば1、と考えれば、さまざまなパターンが考えられます。

　この組み合わせは、全部で何パターン考えられるでしょうか？　財宝ごとに0か1かの2通りの値をとることができ、それが10品存在するので、

$$2 \times 2 \times 2 \times 2 \times 2 \times 2 \times 2 \times 2 \times 2 \times 2 = 2^{10} = 1,024 通り$$

となり、合計で**1,024通りの組み合わせ**を考えなければなりません。近年では、本書で使うExcelを始めとして、さまざまな計算・コンピューテーション技術が発達してきているので、この程度の組み合わせであれば、さっと計算できるでしょう。ただし、この組み合わせは指数関数的に増えていきます。もし20品であれば1,048,576＝約100万通り、30品であれば（なんと！）1,073,741,824＝約10億通りとなります。このような組み合わせ数だと、普通のコンピューターでも苦戦する組み合わせ数となり、もちろん人間では到底さばけない数値感でしょう。

　さて、話をもとに戻します。今回の例では10品の財宝が対象となるので、合計1,024通りの組み合わせを考える必要がありました。先ほどは組み合わせ数が多くて大変と述べましたが、仮に計算能力がとても高い海賊であったのならば、すべての組み合わせを列挙して、<u>宝箱に入りきる重さの中で、価値が最大となる組み合わせ</u>を選べばよさそうです！

　たとえば、もし何も持ち帰らなければ（すべての金品を0とすれば）、合計価値・合計重量ともに、当然0となります。仮にイヤリングだけ持ち帰るならば、イヤリングの価値（600）・重量（50）となるし、ネックレス・懐中時計・指輪・宝石箱の4品を持ち帰るならば、次ページの［図1-1-3］のように、合計の価値と重量を計算した価値2,850・重量680の組み合わせになります。もちろんすべてを持ち帰る（すべての金品を1とする）という選択肢も考えられ、その場合は全財宝の価値・重量を合計した値になります。

　ここで、もし宝箱に四次元ポケットのようにすべての財宝を入れられれば、問答無用で［図1-1-3］表の右端の「すべての財宝を持ち帰る」という組み合わせが最適となるでしょう。しかし現実はそうはいきません。仮に、今回の宝箱の重量制限が最大1,000だとすると、その瞬間に「すべての財宝を持ち帰る」という選択肢はNGになってしまいます。

■ すべての組み合わせを列挙して、最適な組み合わせを求める ［図 1-1-3］

	パターン1	パターン2	…	パターン?	…	パターン?
イヤリング	0	1	…	0	…	1
ネックレス	0	0	…	1	…	1
懐中時計	0	0	…	0	…	1
指輪	0	0	…	0	…	1
宝石箱	0	0	…	0	…	1
王冠	0	0	…	0	…	1
ドレス	0	0	…	0	…	1
金の延べ棒	0	0	…	0	…	1
金貨	0	0	…	0	…	1
宝石	0	0	…	0	…	1
合計価値	0	600	…	2,850	…	17,150
合計重量	0	50	…	680	…	2,405
		価値が低すぎる…		いい感じ?		入り切らない

したがって、すべての組み合わせの中から、以下の条件を満たす組み合わせが今回の問題において最適な組み合わせであると考えられます。

- 合計の重量が一定値（たとえば1,000）以下となりつつ、
- そのうち、合計の価値が最大となるような組み合わせ

もちろん上記の条件を満たすすべての組み合わせ（今回の例では1,024通り）をリストアップし、それらの合計重量・合計価値をそれぞれ計算すれば、この問題は解けるでしょう。しかし前述したように、候補となる財宝の数が増えるごとに現実的ではなくなってきます。また、後述しますが今回学ぶ数理最適化技術を活用させたい現実世界では、すべての組み合わせを列挙しきることが不可能に近い（あまりにも組み合わせの数が多すぎる）問題で溢れています。

そこで、数学や計算技術などの知識をうまく活用することで、すべて計算するのではなく、**効率的に適切な組み合わせの候補を探索していく、というアプローチ**が必要となってきます。これこそが「数理最適化」の真髄です。

ここからは、この「泥棒の問題」を数理最適化の世界に置き換えて考えてみましょう。

──「泥棒の問題」を「数理最適化」の世界で考えてみよう

　ここまでで、海賊が解かなければならない問題について、その大枠は理解できたのではないでしょうか？今回の問題を数理最適化の世界で考えたい場合は、明確な「定式」で記述する必要があります。ただ、いきなり数式ばかりの表現を見ても難しいと思うので、まずは日本語で数理最適化の定式化を表現してみましょう。

■ 日本語文章で「泥棒の問題」を定式化する［図 1-1-4］

目的関数（最大化）
（*Maximize*）　　　　対象の財宝を入れた際の合計価値

変数
（*Variable*）　　　　各財宝を入れるか入れないか (0/1)

制約条件
（*Subject to*）　　　対象の財宝を入れた際の合計重量が
重量上限を超えない

　数理最適化を定式にする方法（定式化）に関しては次章でしっかり説明するので、まずはざっくり理解する程度で大丈夫です。

　数理最適化では、［図1-1-4］のように、大きく3つの点を押さえておく必要があります。1つは**「目的関数」**であり、解きたい問題で、**何を最大化（もしくは最小化）したいか？という目標（ゴール）となる指標**です。今回の例では、持ち帰るために入れた金品の合計価値になり、これが最大化されることがゴールです。2つ目は**「変数」**です。「決定変数」といわれることもあります。これは、解きたい問題において、**何を変えることで目的関数を最大化（もしくは最小化）したいか？**を定義するものです。今回の例では、10品それぞれを宝箱に入れるか・入れないか？になり、これらを決めることで、実世界の意思決定をどうするかを判断できます。3つ目は**「制約条件」**であり、これは文字通り、**最大化（もしくは最小化）をして、最適な変数の値を決める際に、制約となる条件**です。今回の例では、宝箱に財宝を入れた際に、それら

の合計重量が、重量の上限値以下になっていることです。この制約条件は、今回の例では1つですが、複数の項目を設定できます。むしろ実際の最適化問題では制約条件がたくさんあることが多く、いかにして現実世界における制約条件をうまく取り込めるか？が重要となってきます。

■ 定式化で重要となる 3 つの項目 [図 1-1-5]

何を最大化（or 最小化）したいのか？

目的関数（最大化）
（*Maximize*）　　　　　対象の財宝を入れた際の合計価値

何を変えることで
最大化（or 最小化）するのか？

変数
（*Variable*）　　　　　各財宝を入れるか入れないか (0/1)

最大化（or 最小化）して変数の値を
決める際の制約はあるか？

制約条件
（*Subject to*）　　　　対象の財宝を入れた際の合計重量が
重量上限を超えない

　さて、ここまではわかりやすさを重視して、「泥棒の問題」を"日本語で"定式化してみました。本書は、専門家でない層に向けてわかりやすく数理最適化のコンセプトを伝えることに重きをおいているので、あまり数式を用いるつもりはありません。しかし、データサイエンスの現場では数式で記述することが一般的です。また本書をきっかけに興味を持ち、今後、数理最適化を勉強する中でそれらを数式で表して紹介するようなコンテンツに出会うこともあると思います。そこでせっかくなので、「泥棒の問題」を数式で記述するとどうなるのかを次ページの［図1-1-6］で紹介しておきましょう。

■「泥棒の問題」を数式で定式化する ［図1-1-6］

[定式化]

$$Maximize \quad \sum_{i}^{N} value_i \times x_i$$

$$Subject\ to \quad \sum_{i}^{N} weight_i \times x_i \leqq W$$

$$x_i \in \{0,1\},\ i = 1,2,3,......,10$$

x_i ：変数。財宝 i を入れるか入れないか（0/1）

$values_i,\ weight_i$ ：財宝 i における、価値・重量

W ：制約条件。宝箱の上限重量（たとえば1,000）

　先ほどの日本語による定式化よりだいぶ難しくなりましたが、本質的な内容は一緒です。簡単に説明しましょう。**まず変数（決定変数）を x と表しています。また今回扱う財宝は10品あるので、変数は10個存在します。その10個のうち、それぞれどの x に相当するのかを、x の添字 i として表しています。イヤリングであれば x_1、ネックレスであれば x_2……といった具合です。そして x は、宝箱に入れるか入れないかの2択なので、0か1の値しかとりません。これらを［図1-1-6］の3行目の数式で表しています。

　その変数 x をベースに式を展開します。まず目的関数は、今回は価値を "最大化" したいので "*Maximize*" となります。今回の価値は、選択した財宝の価値（value）の総量となりますが、**各財宝 i の x_i と対応する価値 $value_i$ をかけ、全財宝で足し上げる**ことで計算できます。数学の知識を使うとシグマ（Σ）による合計を用いる形になり、［図1-1-6］の1行目に相当します。

　なぜ「x と value をかけて、すべて足し上げると計算できるか？」に関して補足しておくと、次ページの［図1-1-7］のように考えられます。つまり、宝箱に入れる財宝は x=1 となるので、価値 *value* と *x* をかけると、そのまま *value* になります。一方で宝箱に入れない金品は x=0 となるので、価値 *value* と *x* をかけると当然0になります。これらのかけ合わせをすべての金品で足し上げれば、必然的に宝箱に入れた財宝群のみによる合計の価値を計算できます。したがって、宝箱に入れてようが入れてなかろうが、$value_i \times x_i$ の総

■ 目的関数が［図1-1-6］で表現できる計算の流れ［図1-1-7］

	あるパターン
イヤリング	0
ネックレス	1
懐中時計	1
指輪	1
宝石箱	1
王冠	0
ドレス	0
金の延べ棒	0
金貨	0
宝石	0

$value_i$	x_i
600	0
200	1
1,400	1
500	1
150	1
1,000	0
3,500	0
2,800	0
1,000	0
6,000	0

$value_i \times x_i$
600 × 0
200 × 1
1,400 × 1
500 × 1
150 × 1
1,000 × 0
3,500 × 0
2,800 × 0
1,000 × 0
6,000 × 0

↓ 足し合わせる

$$weight_1 \times x_1 + weight_2 \times x_2 \cdots + weight_{10} \times x_{10} = \boxed{2,250}$$

選択した財宝の合計価値
（＝目的関数）

量とシンプルに表現できます。これが数式による表現のラクな点、もう少ししっかりいえば、美しい表現ができる点になります。

　この考え方は、制約条件にもそのまま応用できます。制約条件は、英語で"*Subject to*"とよく表現され、前ページの［図1-1-6］における2行目に相当します。17ページの［図1-1-4］では、説明のわかりやすさのために目的関数・変数・制約条件の順番で記載していました。数理最適化の定式では、目的関数と制約条件、加えて変数の説明、という型で書かれることが多いので、少々順番が前後してしまいますが、［図1-1-6］のような順番で記載しています。さて、［図1-1-6］2行目の制約条件ですが、考え方は1行目の目的関数と同じです。宝箱に入れた財宝群の合計の重量を計算したいのであれば、各財宝iのx_iと対応する重量$weight_i$をかけ、全財宝で足し上げることで計算できます。そしてその合計重量が、宝箱の上限重量Wを下回っていればよいわけです。このWはある定数（固定された値）になります。もし宝箱が小さければ1,000になり、大きければ1,500になるといった具合です。ゆえに、このWは最適化を解く前に決めておく必要があります。そうしないといつまでたってもx_iの最適な値を見つけられません。

　このような形で**数式を使うと、日本語で書くと少々冗長になってしまう表現も、きれいでコンパクトに、それでいて正確に記述できる**ため、学術的に

20

は最適化問題は数式で記述するのが一般的です。ただし、本書では数式を一から教えることや、数学的な厳密性にはそこまで重きをおきません。今後は数式による定式化はできるだけ避けて、可能な限り日本語や文章、図解による表現で説明を進めていきます。

━━「泥棒の問題」の最適解を得る

ここまでで、「泥棒の問題」を数理最適化の世界で考えると、どういった構造・考え方で捉えることができるか？を取り上げました。定式化できれば、あとはその**最適化問題を解く**だけになります。解く"だけ"と書きましたが、問題によっては、その最適化を解くことが非常に難しいケースも多いです。つまり組み合わせのパターンが多すぎて、ある程度効率的に探索したとしても最適な解を見つけられない、といったことが起こりえるわけです。ただしこのあたりは細かい内容になるため、別の章で説明します。

今回の「泥棒の問題」は、そこまで規模は大きくありません。**最適化問題を解くことによって得られる、最適な変数の組み合わせのことを「最適解」**と呼びます。今回の最適解は、重量制限をクリアしつつ合計の価値が最大となるような財宝の組み合わせです。ここでいきなり最適解を提示して終わりとしてしまうと、少々つまらないと思いますので、最適解をどうやって得るのか？というイメージを紹介しておきます。最適解の探索方法は、非常に多岐に渡り、学術的・理論的にはとても研究が進んでいる部分になります。また多くの数理最適化の学術的な書籍では、この"最適解の探索方法"に関する議論・方法論の紹介が多い印象があります。しかしここで述べたように、最適解の探索方法は数学的な理解が非常に重要となってくるので、本書ではメイントピックとしては取り扱いません。実際にこれらの部分は、たとえばExcelを使えば、Excelが内部で**アルゴリズム**（最適解を求めるための計算処理）を用いて計算してくれます。このようにそこまで理解をしていなくとも、数理最適化を実行して最適解を応用していくことは可能なので、本書ではどういったコンセプトで最適解を得ているかの、ざっくりとしたイメージをつかめれば大丈夫です（決して最適解の探索方法への理解は重要ではない、といっているわけではないので、その点はご注意ください）。

さて、今回の「泥棒の問題」においては、どの財宝を持ち帰るかという組み合わせを探索する必要があります。もちろん全組み合わせを列挙・計算するというアプローチもありますが、組み合わせ数が多くて現実的ではない場合を加味して、効率的に探索していくこととします。その場合のイメージを［図1-1-8］に示しています。

■ 変数の組み合わせを探索して、最適解を得るイメージ［図 1-1-8］

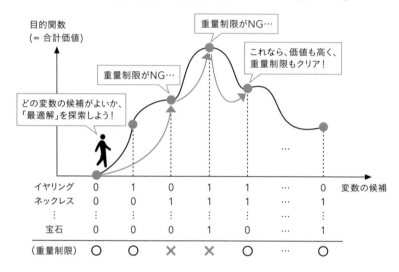

　数理最適化のアルゴリズムは、変数の候補を探索する"人"だとイメージするとよいでしょう。その人は、重量制限をクリアしつつも、価値が大きくなるような、変数の組み合わせを探索する旅に出ます。その際に合計価値が最大となるような解を探すので、さながら「合計価値」という山の頂上を目指すように探索にでかけます。その人は、最初からすべての組み合わせの結果を知らない前提なので、少しずつ探索を深めていきながら、山の頂上を目指します。

　この際に仮に全組み合わせを列挙・計算するアプローチは、いうならば山の頂上に登り切るために、山の麓から頂上まですべての地点に目印をつけていくような方法論であり、極めて非効率的ですね。普通はできるだけ効率的

に山を登りたいはずです。「最初の変数の候補で合計価値が少なかったから、少し変数の候補を変えてみよう」といった工夫を施しながら、変数の候補を探索していくイメージです。具体的にどのような工夫を施しているのかは、次章にて詳しく取り上げます。まずは、うまく工夫をしながら最適解を探索しているのだな、と思えば大丈夫です。

さて、そのように探索を続けると、うまくいけば最適解を得ることができます。今回の「泥棒の問題」において実際にExcelを使用して最適化を解いてみました。重量の上限値は1,000と1,500の2パターンを想定すると、以下の［図1-1-9］のような最適解を得られました。

宝箱の最大重量が1,000のCASE1の場合、イヤリング・懐中時計・王冠・宝石の4つを選べばよさそうです。その際に、価値の合計は9,000となっており、重量の合計はちょうど1,000と、制約条件を満たしています。

一方で最大重量が1,500と少し増えたCASE2の場合、イヤリング・懐中時計・指輪・王冠・金の延べ棒・金貨・宝石の7つが最適解となっています。価値合計は13,300、重量合計は1,475となっています。

皆さんは、この組み合わせをパッと思いつけたでしょうか。少なくとも私はパッとは思いつかなかったので、このような最適化計算を行う意義があったと思います。

■ Excel ソルバーを用いて「泥棒の問題」を解いた結果 ［図 1-1-9］

	価値	重量			CASE1	CASE2	
イヤリング	600	50			1	1	価値が最大化する
ネックレス	200	30			0	0	組み合わせが得られた
懐中時計	1,400	125			1	1	
指輪	500	75			0	1	
宝石箱	150	400	ソルバーで		0	0	
王冠	1,000	125	解く		1	1	
ドレス	3,500	500			0	0	
金の延べ棒	2,800	300			0	1	
金貨	1,000	100			0	1	
宝石	6,000	700			1	1	
				価値合計	9,000	13,300	
				重量合計	1,000	1,475	
				宝箱の最大重量	1,000	1,500	

もし「本当か？」と思ったら、全部の組み合わせを列挙して照らし合わせるとよいでしょう。あるいは本書を読み終えた頃には、Excelのソルバー機能で最適化計算を行って、簡単に最適解を得られるはずです。ちなみに本問題は「chap1_knapsack_problem_answer.xlsx」ファイルにて、ソルバーで実際に解いた結果を記載しておきます。本書を読み終えたときには、皆さんも解けるはずですので、復習として見ておくとよいでしょう。

　この最適解を得ることによって、海賊は自分の宝箱に入る限り最大の価値を持つ財宝を（無事に？）持ち帰ることができそうです。もちろんこの例はフィクションですが、現実の世界においても、数理最適化の結果を応用することができそうですね！

「泥棒の問題」を取り扱うことによっても、数理最適化の世界のイメージが、少し深まったのではないでしょうか？ 実際のところ「泥棒の問題」が解けても、おそらく多くの方は海賊にはならないはずなので、直接的にはこの問題が役に立つことはないと思います。しかし、本書のChapter3以降では、ビジネスケースや身近な世界のケースを取り上げて、実際にExcelによるソルバーを用いて、一緒に最適化問題を解いていきます。

　なお今回は、わかりやすさを重視して「泥棒の問題」を取り上げましたが、現実世界でも似たような活用事例は考えられます。たとえば遠足にいく子供が、持っていきたいお菓子の組み合わせを決める、という場合です。このときのお菓子の組み合わせは、その子自身にとってのお菓子の価値を定義し、限られたお小遣いの金額に収まるように、かつ価値が最大になるような組み合わせを考える、といった具合です。もう少しビジネス的な事例を考えると、たとえばコンテナ輸送の際に、貨物の大きさや上限重量に収まるように、できるだけ多くの荷物を詰め込む、といった例も、この泥棒の問題に似ている事例としてとらえられます。

　このように数理最適化では、ある種の問題を、別の問題に置きかえて考えることにより、さまざまな事例に応用できます。

Section 2
ビジネスや身近な世界は最適化問題で溢れている

　前Sectionでは「泥棒の問題」を例に、現実の問題に数理最適化をどのように適用できるか？　そしてその結果どういったアウトプットを得られるか？を、具体的に解説しました。このSectionでは、数理最適化が現実の世界でどのように適用されるかという事例を、いくつか紹介します。身近なものとビジネス的なものから、数理最適化が適用できる以下の事例を紹介します。

身近な事例

1 生徒のクラス分けの
　最適化

2 食事の摂取カロリーの
　最適化

3 観光名所を巡る
　観光ルートの最適化

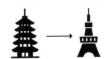

ビジネスの事例

1 商品価格の最適化

2 出稿する広告予算配分の
　最適化

3 シフトスケジュールの
　最適化

　これから紹介する事例は、皆さんに数理最適化の世界を紹介するために簡略化している部分も多いことにご留意ください。現実世界で適用するにはもっと考慮しなければならない点がありますが、この段階で細かいことまで言及すると数理最適化の概観をつかみにくいため、簡略化しています。

── 身近な事例①「生徒のクラス分け最適化」

　最適化が適用できそうな事例の１つとして、**「配置」を最適化する**というアプローチがあります。この「配置」はたとえば、生産拠点となる工場をどのエリアに配置するべきか？といったビジネス事例でも考えられますが、今回はイメージしやすい例として、**それぞれの生徒をどのクラスに"配置"するのが最適か？**という問題を考えてみましょう。

　私は一般的な学校教師になったことはありませんが、生徒のクラス分けは難しいテーマであると知られています。これほど単純ではないことは承知のうえですが、たとえば、**クラスごとの成績が同程度になるように生徒を振り分けたい**、という課題があったとします。

　この場合**「クラス間の成績のばらつきを最小化する」**ということがゴール、つまり目的関数になります。実際に数理最適化の問題として定式化して解くためには、その"ばらつき"を示すような成績の分散や標準偏差といった統計的な指標で定量化する必要があります。なお、分散や標準偏差といった統計指標は、Chapter5で詳しく説明します。

　ばらつきを最小化するために、どういった変数を動かせばよいでしょうか？「泥棒の問題」でいえば「価値を最大化するために、どの財宝を入れるか入れないか？」という変数を動かすことに相当します。今回の例では、**各生徒を、各クラスに入れるか／入れないか（0か1）**が変数となるでしょう。仮に生徒数が30人で、クラスが3つであれば、30 × 3 = 90個の変数が存在することになります。

　基本的にはこれで最適化問題を解けますが、実際にはほかにも考慮しなければならない事案もあるでしょう。そういった点は、制約条件として加えていきます。たとえば、あまりにも男子生徒と女子生徒が偏りすぎると困るため、**クラスごとの男女比率が一定割合**（たとえば40〜60%）**に収まる**ようにする、という条件を制約条件に加える形になります。

■ 生徒のクラス分け最適化のイメージ［図 1-2-1］

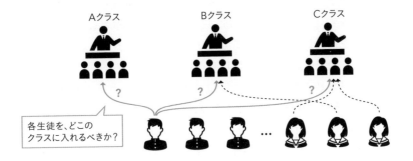

各生徒を、どこの
クラスに入れるべきか？

目的関数 ： **クラス間の成績のばらつきを最小化**
変数 ： **ある生徒をあるクラスに入れるか入れないか**（0/1）
制約条件 ： **クラスごとの男女比率を一定割合に収める** など

このほかにも制約条件はあるでしょう。たとえば、

● これまでずっと同じクラスにいる生徒達はできるだけ別のクラスにする
● （あまりいい例えではないかもしれませんが）何かしらの問題を抱えている生徒
　は、可能な限り分散させる

といった制約条件です。このような制約条件をできるだけクリアしつつ、
成績のばらつきが最小化するように、ある生徒をどのクラスに振り分ければ
よいか、という変数の最適解を探索していくことになります。

━ 身近な事例②「食事の摂取カロリー最適化」

　こちらも身近な例ですが、食事のことを考えてみましょう。私自身、ダイ
エットに励んでいますが（なかなか大変ですね……）、毎日の食事でどういった食
品を摂るかは、健康上の観点からも非常に重要です。
　実際、どのように食事を摂取すべきか？ という問題は、それだけで本が何
冊も書けてしまうテーマなので、ここでは話をシンプルにして、数理最適化

の適用可能性を考えてみましょう。

　基本的に人間は、生存するためにできるだけ多くのカロリーを摂取すべきです（もちろん過度の食べ過ぎはNGですが）。そのためいくつかある食品から、**食べるべき食品を選択して、摂取するカロリーを最大化**したいという問題に落とし込めれば、数理最適化として解けそうです。

　この問題は「泥棒の問題」に似ていますね。したがって、**ゴール（目的関数）は、摂取するカロリーの最大化となり、変数は、候補となる食品を食べるか／食べないか（0か1）**となります。

　しかし、このままではすべての食品を食べればOKという話になってしまいます。「泥棒の問題」では、宝箱には上限重量があるという制約条件が加えられていました。今回の問題でも同様に現実的な制約は何か？を考えて、定義する必要があります。

　いろいろな制約がありそうですが、たとえばあまりにもたくさんの食事は（当然ながら）食べられないので、**合計で5食以下とする**、というのも簡単ではありますが、制約条件になりそうです。

　また、もう少し複雑な条件としては、栄養素が考えられます。摂取する栄養素には多くのものが存在しますが、人間の3大栄養素はProtein（たんぱく質）・Fat（脂質）・Carbohydrate（炭水化物）の頭文字を取ってよく「PFC」といわれます。このPFCをバランスよく摂取することが重要と考えられています。人によってこの目安値は当然変わってきますが、**たとえば合計のP/F/Cの値がそれぞれ100/50/150g以下になるようにする**、といった点も制約条件になりそうです。

　数理最適化の技術を用いると、このような制約条件をクリアしつつ、摂取カロリーが最大化する食品の組み合わせ＝最適解を見つけることが可能になります。もう少し複雑な問題としては、冷蔵庫にあるどのような素材を組み合わせて食事を作ればよいか？といった問題にも、（問題設定としては難しくなりますが）応用できるかもしれません。

■ 食事の摂取カロリー最適化のイメージ ［図1-2-2］

それぞれの食品を、
食べるか？食べないか？

<u>目的関数</u>　：摂取するカロリーを最大化
<u>変数</u>　　　：各食品を食べるか食べないか(0/1)
<u>制約条件</u>　：合計5食以下、P/F/Cはそれぞれ100/50/150g以下 など

━━ 身近な事例③「観光名所を巡る観光ルートの最適化」

　身近な事例の最後は、**「ルート」の最適化**です。ルートの最適化は、実は
数理最適化の世界ではよく登場します。たとえば物流における配送ルートの
最適化などは、ビジネスの世界においてもしばしば活用されます。今回は、
皆さんにも馴染みが深いであろう例として、観光地で各所を巡る際のルート
を最適化するためにはどうすればよいか？を紹介します。

　皆さんは、観光に行き、見て回りたい箇所がいくつかあったときに、どの
ような順番で回るでしょうか？ 観たい優先度の高い順番から回る／宿泊す
るホテルに近いところから回る……など、いろいろな軸で検討できそうで
す。もちろん、さまざまな要素を考慮して数理最適化で解くことも可能です
が、今回は話を簡単にするために**「最短経路で巡回する」**という目的にして
みましょう。すると、どこからどこに移動するかを適切に選択し、**移動する
距離を最小化する**、という問題にすればよさそうです。移動距離の最小化を
目的関数にするということです。

　そうなると動かす変数は、候補となる観光箇所において、**ある箇所から
ある箇所に移動するか／しないか（0か1）**と定義すればよさそうです。ま
た、いわゆる「一筆書き」のように一度訪れた箇所にはもう訪問しないで、

Start→A地点→B地点→C地点→Goal、と移動したい場合は、各箇所を何番目に訪問するか？といったことまで決める必要があります。これを数理最適化で解くためには、少し難しい制約条件を置かないといけないのですが、簡単にいえば、**各箇所を何番目に訪問するか？という変数**も加えればアプローチとしてはOKです。

　またその場合、1回訪問した箇所には、もう訪問する必要はないので（もちろんとてもよい観光地で、2回観たい！ということもあるかもしれませんが……）、その場合は、**各箇所は1回しか訪問しない、といった制約条件**を付与すればよいです。

　この事例は、実際にChapter7で取り上げていきたいと思います。

■ 観光ルート最適化のイメージ［図 1-2-3］

目的関数 ： 移動する距離を最小化
変数 ： ある箇所からある箇所に移動するかしないか(0/1)
制約条件 ： ある箇所は1回しか訪問しない など

　このように、身近な事例でも、数理最適化の「型」に落とし込むような思考方法で考えることで、数理最適化によって最適な解を得られるのです。

━━ ビジネスの事例①「商品価格の最適化」

　ここからはビジネスの世界で、よく数理最適化が適用される事例をいくつか紹介します。最適化によって実際の意思決定の精度が上がることで、売上が向上したり・コストが削減できたりとビジネスの価値向上に直結します。そのため、ビジネスにおける数理最適化の活用への意欲は高くなっているように感じられます。私も、実務の現場で数理最適化を活用することで、業務効率化を実現できているため、現場への活用ニーズはおおいにあると考えています。

　さて、1つ目の事例は**商品価格の最適化**です。実店舗では、さまざまな商品を顧客に販売しますが、そのときの商品の値付け（プライシング）というのは難しいものです。当然ながら、さまざまな要因によってプライシングは決まるので、一概に「こうやって決めればよい」という考えは存在しません。しかしここでは話をシンプルにして、数理最適化の適用可能性を考えてみましょう。なお、本事例に関してはChapter3のケースとして詳細に取り上げていくので、ここでは概略のみ紹介します。

　商品を売るゴールの1つは、売上の最大化です。そこで、**売上金額が最大となる商品価格を見つける**ことを、数理最適化の問題設定として考えます。

　商品や環境の特性によって大きく変わりますが、商品単価を下げすぎると売上金額は下がり、商品単価を上げすぎると今度は販売個数が減ってしまい、いずれのパターンでも売上金額は下がってしまいそうです。したがって、売上金額を最大化させるような、変数である商品価格の最適解を探索することが必要となります。

　これまで変数は「するか／しないか」の0／1でしたが、今回は"価格"なので、変数は連続的な数値となります。なお前者の場合は**「組み合わせ最適化」**、後者の場合は**「連続最適化」**といい、最適化のアルゴリズムが異なることがあります。それぞれの違いに関しては、Chapter2で詳細に取り上げます。

　また今回の問題でも制約条件はあるでしょう。典型的な制約条件は、販売価格は仕入れ価格よりは高くあるべきといったように、**設定した上限以下・下限以上となるようにする**、といったものが考えられます。ほかにも、これ

までの価格からいきなり大幅に変動すると顧客体験が損なわれてしまうので、変動幅を一定割合以下とするといった制約条件も考えられるでしょう。

■ 商品価格最適化のイメージ［図 1-2-4］

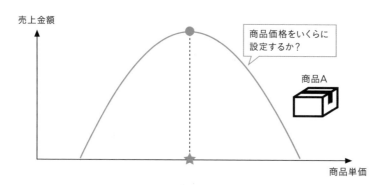

目的関数 ： 売上金額を最大化
変数 ： 対象となる商品価格
制約条件 ： 商品価格は、設定した上限以下・下限以上 など

━━ ビジネスの事例②「出稿する広告予算配分の最適化」

　続いては、広告に関する話題を取り上げます。なお、本事例も Chapter4 で詳細に取り上げるので、ここでは概略のみ紹介します。

　多くの方は広告を「見る」側だと思いますが、今回は広告を「出す」側の話です。広告には必ず広告出稿主が存在し、自社や自社の商品・ブランドのことを知ってもらうため、買ってもらうために、お金をかけて広告を出稿します。その際に、**どの広告掲載場所にいくらの金額を出稿するか？**を決めなければなりません。この問いは、まさに数理最適化の技術が活用できそうですね。

　広告の出稿は、ビジネスのフェーズやさまざまな外部環境によって意思決定が左右されます。そのため数理最適化によって求めた解が必ずしも最適とはかぎりませんが、これまでと同様に、学びのために簡略化して考えてみま

しょう。

とはいえ、大きな目標の1つとして「売上の最大化」は必ず考えられるでしょう。"売上金額"なのか、"売上個数"なのか、あるいは売上に間接的に影響を及ぼすような"お問い合わせ数"なのかは、ケースによって異なります。ここでは広告を出稿することで、その広告を見て、自社の商品やサービスに問い合わせる**「問い合わせ数の最大化」**を仮のゴールとしておきましょう。またこのような指標をよく**「コンバージョン（Conversion、CV）」**と表現します。

この問い合わせ数（CV数）を最大化するために、**広告出稿先の各媒体（テレビやWebやチラシなど）に出稿する金額**を変数として動かします。

■ 出稿する広告予算配分最適化のイメージ［図 1-2-5］

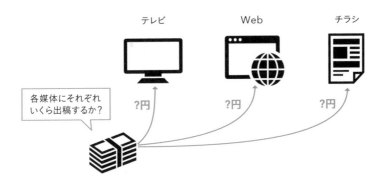

ただし、これも「泥棒の問題」と似ており、何も制約がないと各媒体への出稿金額を＋無限大にすればよいという意味のない解が出てしまいます。どんなに出稿効率が悪くなっても、基本的にはお金をかければかけるほどCV数は増えるはずだからです。したがって、制約条件として全体の予算金額を設定し、**各媒体への予算配分金額の合計量が、予算全体の出稿金額の上限値**

以下になるようにする、といった条件を加える必要があります。通常は広告出稿に際して予算があるはずなので、ビジネス的にも理にかなった制約条件になるはずです。

そのほかにも「全国の皆さんにテレビで広く遍く訴求したいフェーズである」といったニーズがあれば、テレビへの出稿割合が少なくともX%以上になるようにするといった制約条件も考えられるでしょう。

■ ビジネスの事例③「シフトスケジュールの最適化」

最後のビジネス事例は、シフトスケジュールの最適化です。このケースも、ビジネスの世界では数理最適化の適用可能性がよく探求されている印象があります。本事例もChapter5で詳細に取り上げるので、ここでは概略のみ紹介します。

アルバイトやコールセンターなど、どんな仕事でもよいのですが「シフト」が存在する業務を想像してください。もしかしたら皆さんもシフトを"決める側"として、シフトスケジュールを組んだ経験があるかもしれません。シフトスケジュールを組むのは、意外と難しいといわれています。たとえば従業員数が多いと最適なシフトを組むのは不可能に近いといわれており、経験のある方が、それとなく"いい感じ"にシフトを決めるということも多いでしょう。

数理最適化を使えば最適なシフトを組めるかもしれません。このときに何をゴールとするか？というのは意外と難しい問題です。**稼働する従業員数（つまり稼働コスト）を最小化したい**というニーズが多そうですが、もしかしたら従業員数は決まってしまっているから、従業員間の稼働時間のばらつきを最小化したい、といったニーズもあるかもしれません。そのような問題設定を考えて、数理最適化で解きたいゴールを明確化するところから始める必要があります。

次いで変数の決め方も、ビジネスケースによって異なるでしょう。たとえば**各従業員を各曜日のシフトに入れるか入れないか？**といった変数が考えられます。それらの変数を動かしていった結果、曜日ごとに稼働する人数を最小化する、といったイメージです。

　しかしこれも先ほどの事例と一緒ですが、このままでは誰も稼働させない（稼働人数＝0人）のが最適解となってしまいそうです。実業務ではそんなはずはなく、たとえば**曜日ごとに最低限必要な稼働人数**、といった制約条件があるでしょう。必要最低限の稼働人数を満たしつつ、稼働する総人数を最小化するといったことを満足させる必要があるわけです。

　また、従業員ごとに週で稼働できる最大日数といった制約や、少なくとも仕事内容的にAさんとBさんは違う日にシフトを入れたい、などといった制約も考えられそうです。このようにシフトスケジュールは制約条件がたくさんあるケースが多いのです。完璧とはいわないまでも、できるだけよい解を見つけるということを数理最適化の技術によって達成させることが必要になるでしょう。

■ シフトスケジュール最適化のイメージ［図 1-2-6］

	月曜	火曜	…	土曜	日曜
Aさん	○	×	…	×	○
Bさん	×	○	…	○	×
⋮	…	…	…	…	…
Zさん	○	×	…	×	○

各従業員を各曜日のシフトに入れるか？入れないか？

目的関数 ： 稼働する総人数を最小化

変数 ： 各従業員を各曜日のシフトに入れるか入れないか(0/1)

制約条件 ： 各曜日に最低限必要な稼働人数 など

「泥棒の問題」は
「ナップサック問題」として知られている

　本章で取り上げた「泥棒の問題」は、実は数理最適化の世界では有名な例としてよく取り上げられます。このように「ある袋の中に、選択した品物を詰め込み入れた際に品物の総価値を最大にする」という問題は、数理最適化の世界では一般的に**「ナップサック問題」**(Knapsack problem) として知られています。Wikipediaではナップサック問題を以下のように説明しています。

　ナップサック問題（ナップサックもんだい、Knapsack problem）は、計算複雑性理論における計算の難しさの議論の対象となる問題の一つで、n 種類の品物（各々、価値 v_i、重量 w_i）が与えられたとき、**重量の合計が W を超えない範囲で品物のいくつかをナップサックに入れて、その入れた品物の価値の合計を最大化するには入れる品物の組み合わせをどのように選べばよいか**、という整数計画問題である。

　……よくわからないですね。ただ、書いてあることは「泥棒の問題」で説明したものと本質的には同じで、重量の合計が上限値を超えないようにしつつ、ナップサック内の価値が最大となるように品物を選択する、ということです。重量ではなくて、容量と置き換えてもよいでしょう。
「泥棒の問題」だけではなく遠足に行くときにどのようなお菓子の組み合わせを持っていけばよいか？というケースでも同じように考えられそうですね！（お菓子に対してどのように価値を定義するか、というのは少し難しそうですが……）
　このように、数理最適化の世界では、ナップサック問題・巡回セールスマン問題など、広く知られている例がいくつか存在しており、名前だけでも知っておくと、数理最適化のことを知っているように振る舞えるかもしれません。

Chapter

2

数理最適化で
何ができるのか?

この章で学ぶこと

Chapter1 では「泥棒の問題」を例に、どういった事象を数理最適化の問題として捉えられるか？ 実際に数理最適化の技術を応用することで、どのような利便性がもたらされるか？といったことを紹介しました。

Chapter2 では、Chapter1 の具体例を**抽象化**する形で、**数理最適化の基礎知識**を重点を絞って体系的に学んでいきましょう。

■ 本書の全体像 [図 2-0-1]

| **Chapter1**
数理最適化の導入 | → | **Chapter2**
数理最適化における基礎知識 |

連続最適化

Chapter3
事例 1 商品価格の最適化

Chapter4
事例 2 広告媒体の予算配分の最適化

Chapter5
事例 3 金融資産の投資比率の最適化

組み合わせ最適化

Chapter6
事例 4 シフトスケジュールの最適化

Chapter7
事例 5 ルートの最適化

Chapter2でわかること

☑ 数理最適化の定式化や解き方に関する考え方

☑ 連続最適化と組み合わせ最適化の違い

☑ Excel「ソルバー」の準備方法

1 「数理最適化」とは？

さて、それでは数理最適化の考え方を理解していきましょう。改めて本書で学ぶ「最適化」とは、学問的には **「数理最適化」** と呼ばれます（本書では、以降「最適化」という単語も使用しますが、それは数理最適化を指します）。

数理最適化の定義を一文で表すと **「ある対象となる変数をいろいろと動かしていき、その変数によって動く目的関数を最大化（あるいは最小化）するような、最適な変数の値＝"最適解"を求めること」** です。

■ 数理最適化の定義 ［図 2-1-1］

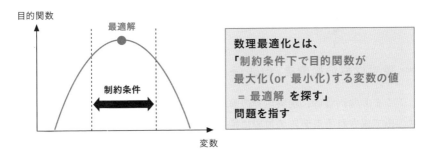

> **数理最適化のフレーム**
> 何を最大化／最小化するか？:「目的関数」と呼ばれる数式を最大化／最小化する
> 何を変えることで最大化／最小化できるのか？:「変数」と呼ばれるレバーを動かす
> 最大化／最小化する際の制限は？:「制約条件」と呼ばれる条件式に従う

目的関数

最適解

制約条件

変数

数理最適化とは、
「制約条件下で目的関数が
最大化（or 最小化）する変数の値
＝ 最適解 を探す」
問題を指す

まず最適化の際に絶対に決めなければならないものは、**「変数」** と **「目的関数」** です。最初に変数について考えてみましょう。

変数は「最適化によって何の最適解を知りたいのか？」の「何」に相当する部分 です。たとえば、広告の最適化といっても、「媒体別の広告の出稿金額を知りたいのか？」「ユーザーごとに表示する広告の順番を知りたいの

か?」などいろいろある中で、どの値を最適なものにしたいか、具体的な数値で決めておく必要があります。

また変数だけ決めたとしても、何を基準にいちばんよい値とするかを決めないといけません。それが**「目的関数」**で、**決めた変数の値によって動かされる数式**となります。前ページの［図2-1-1］では、グラフの**横軸が変数、縦軸が目的関数**となります。

そして最適化とは、**「目的関数が最大化（もしくは最小化）するような、変数の値はどれか?」**を探し当てるゲームです。そのような変数の値は「最適解」と呼ばれます。つまり**最適化によって最適解を探し当てる**ということです。目的「関数」なので、目的関数も変数と同様にすべて数式で表現できなければいけません。

さらに、もう1つ考えないといけない点があります。それは**「制約条件」**です。変数がどんな値でもとれればよいのですが、多くの場合は**「この範囲の中で考えてください」といった制約条件**が課されます。そしてこの制約も数式で表現されている必要があります。

これまでの用語を使って最適化の定義を表すと、**「制約条件を満たす範囲で、目的関数を最大化（もしくは最小化）するような変数の最適解を探す」**と言い換えられます。なおChapter1でも述べたように、複数の項目を制約条件とすることが可能です。

▬ 現実世界の問題を、数式（モデル）に落とし込む

ここまでの内容は、**現実世界の解決したい問題や事象を、なんとかして数式のみで表されるモデルの世界に持ち込む。そしてその数式によって定義された最適化問題を解いて得られた最適解を、現実世界の意思決定に応用する**営みともいえます。

数式で定義された最適化問題を解くことで、正確な最適解を導くことができ、最終的にその解で現実世界の意思決定をサポートできるのです。逆にいえば、**「現実世界で解決したい問題や事象を、数式だけのモデルの世界に落とし込む」**ことができないと、現実の課題は改善できません。

つまり、数理最適化のモデルの世界に落とし込む際に、**現実世界の解決し**

たい問題・事象を、うまく「変数、目的関数、制約条件」という構造で定義できればよい、ということになります。

■ 現実の世界と数式(モデル)の世界 [図 2-1-2]

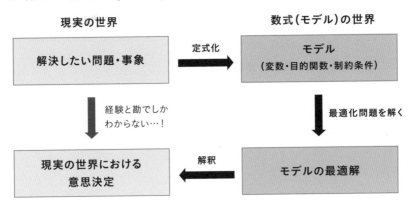

具体的にどのように最適化問題を解くのかは、後ほどの最適化アルゴリズムに関するSectionで説明します。

数理最適化の定式化の「型」を覚えておく

ここまでに説明したのは数理最適化において重要な概念ですが、その内容は**数理最適化の定式**として記述できます。定式化の定義は次ページの[図2-1-3]に記述しています。

数理最適化を定式化する際の「型」として最初に登場するのは、**目的関数の定義**です。数理最適化のアルゴリズムが計算するのは、目的関数を最大化(もしくは最小化)することです。したがって、目的関数を最初に定義する必要があります。型としては、接頭に*Maximize*(もしくは*Minimize*)と記載し、まず最大化するのか最小化するのかを定義します。そのうえで、定義したい目的関数の式を記載します。

次いで、***Subject to*配下に制約条件を列挙**します。"列挙"と書いたのは、

制約条件は複数項目定義されうるためです。仮に制約条件が10個あれば、10個分を定義・列挙します。

　そのうえで、何を最適化するかという変数は、目的関数・制約条件の前か後に定義します。

■ 数理最適化の一般的な定式化のイメージ ［図 2-1-3］

···· ［定式化］の型 ····

$Maximize$
(or Minimize)　　目的関数**を定義する**

$Subject\ to$　　制約条件**を列挙する**（変数の定義をする）

···· 例：「泥棒の問題」での定式化 ····

$Maximize$　　$\sum_{i}^{N} value_i \times x_i$

$Subject\ to$　　$\sum_{i}^{N} weight_i \times x_i \leqq W$

　　　　　　　$x_i \in \{0,1\}, i = 1,2,3,......,10$

　一例として、Chapter1で取り上げた「泥棒の問題」を、［図2-1-3］の下部に記載しています。泥棒の問題では、宝箱に入れる財宝の価値を"最大化"したいので$Maximize$とし、宝箱の財宝の合計価値を目的関数として定式化します。制約条件はいろいろと考えられますが、Chapter1の例では宝箱に入れた財宝の合計重量が一定値を上回らないようにしたいため、その一項目を列挙・定義します。

　最後に変数は、各財宝を宝箱に入れるか入れないかという0／1の変数、全財宝10個分を定義しています。このように、うまく**定式化の型**に当てはめながら定式化することが重要です。

2 数理最適化の解き方

　前Sectionでは、数理最適化を解くためにどのようにして現実の事象を定式化するか（どのようなモデルで表現するか）を中心に見てきました。このSectionでは、定式化した"後"の話として、**どうやって最適化を解くか？という最適化アルゴリズムの話**をしていきましょう。

　この最適化アルゴリズムの話は、数理最適化の専門書では中心的に取り上げられる内容です。しかし比較的数学的な内容が多く、理論的に難解な部分が多いため、本書ではあまり深堀りせず、初学者でもある程度理解できる基礎的な範囲の紹介とします。

━ 最適化の適用の流れ

　まず、数理最適化を適用する際の全体の流れを［図2-2-1］に図示します。

■ 数理最適化の適用における全体の流れ［図 2-2-1］

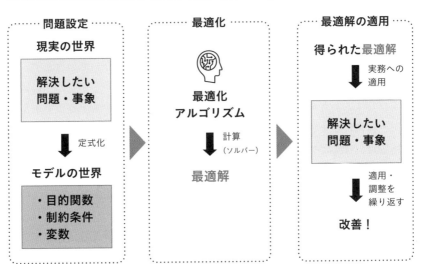

まずは冒頭でも述べたように、現実の世界で起きている解決したい問題・事象を、数理最適化の問題として定式化します。

定式化ができたら、**数学的な計算や最適化アルゴリズムを用いて、最適な解**を求めます。次のChapter3以降で取り組むケーススタディでは、**Excelのソルバー機能**を用いて数理最適化を解きますが、ソルバーによる計算は、まさにこのステップに相当します。

最適解を得られれば、数理最適化そのものの役目は終了です。あとは実務に対して、**得られた最適解の情報を適用**し、もともと解決したかった問題や事象の改善を試みます。ただ、一度で適用が完了することは非常にまれで、「ほかの制約条件を加味していなかったせいで、現実の業務には適用しにくい」「理論上はそういった最適解が得られるが、現在の状況から大きな変化が起きすぎないように、もう少し穏やかに適用していきたい」といった課題が見えてくることが多いです。もちろん、すべての声を聞いてしまうと、数理最適化で改善できる方向から遠ざかってしまいますが、ある程度は現実の世界で数理最適化のアプローチが適用できるように、歩み寄りながら修正していく必要があります。その場合は、定式を少し修正して、最適化アルゴリズムによる計算をし直す。そしてよりよい最適解を得て、実務への適用可能性を高めていき、実際に適用していくという流れになります。

━━ 最適化アルゴリズムとは？

それでは最適化アルゴリズムによる最適化の概要を紹介していきます。最適化の方法には、非常に多くのアプローチが考えられます。一言で「最適化アルゴリズム」といっても、**数学の理論式を展開・計算**するアプローチを含めて、**非常にさまざまな種類**があります。

本書は、（数学にそこまで強くない）**初学者・非専門家でも、数理最適化をどう実務・実社会に対して適用できるか？**に主眼をおいているので、最適化アルゴリズムは詳細には扱わず、下記のような点を見ていきます。

- どのようにして現実の問題を数理最適化の問題に落とし込むか？
- （Excelを用いて解いた結果、）得られた最適解をどう解釈するか？

しかし、最適化アルゴリズムが内部で何をしているのかをまったく理解していないと、完全にブラックボックス化してしまいます。それでは他者への説明ができないのに加え、数理最適化全体の理解が難しくなってしまうため、最低限これくらいは知っておいてほしい！という重要かつ基礎的な部分だけを抽出して、そのエッセンスを紹介します。

■ 本セクションで最適化アルゴリズム部分を紹介 ［図2-2-2］

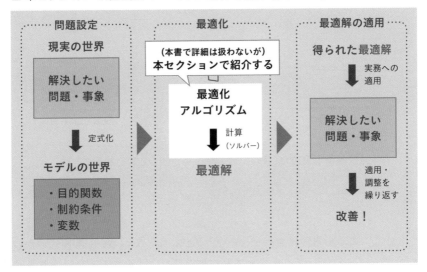

ここまで、「最適化アルゴリズム」というワードを使っていましたが、改めて、最適化アルゴリズムとは何か？という定義を押さえておきましょう。（辞書に載っているような）明確な定義はないはずですが、私なりに定義を文章化すると、「**(最適解を含め、目的関数の全体像がわからない状態で) 最適解を探索すること**」が最適化アルゴリズムのやりたいことであり、その探索自体を、アルゴリズムが行うことになります。

今の説明をもう少しわかりやすくしたのが［図2-2-3］です。最適化によって成し遂げたいことは、**目的関数を最大化／最小化することで、最適な変数の値＝最適解を得る**ことでした。ここで話をわかりやすくするために、目的関数は"最小化"したいこととしましょう。すると［図2-2-3］のよう

に、横軸を変数の値、縦軸を目的関数とした際に、目的関数の値がいちばん小さくなる変数の値＝最適解を見つけられればOKです。

■ 最適化アルゴリズムによって最適解を探索する ［図 2-2-3］

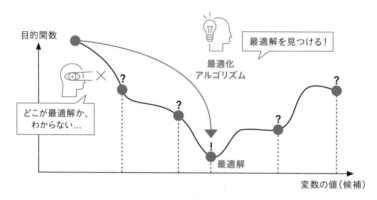

（最適解を含めた、目的関数の全体像がわからない状態で）
最適化アルゴリズムによって、最適解を探索する

　しかし、ここで目的関数がどういった形状になっているかが即座にわかってしまえば、わざわざアルゴリズムなどの難しい話をする必要はありません。なお、比較的簡単な最適化問題だと目的関数の形状がわかり、アルゴリズムを使わずとも数学的な式の計算によってうまく解けてしまいます（これを「解析解」といいます）。しかし今の段階では、目的関数がわからず最適化アルゴリズムを利用する必要がある、と思っておいてください。
　実務上の問題は複雑になることが多く、**どこが最適解なのかが瞬時にはわかりません**。そこでアルゴリズムとしては、候補としてのいくつかの変数の値を探索し、それぞれの目的関数の値を計算・確認していきます。そこでうまく探索を続けることにより、いちばん小さいであろう変数の値＝最適解を見つけ出すことが、最適化アルゴリズムの役目になります。

━━ 最適化アルゴリズムの紹介 ～勾配降下法～

ここで気になるのが、**どのようにうまく探索して最適解を見つけ出すか？** です。変数の値の候補には非常に多くの選択肢が考えられます。「泥棒の問題」でも、変数の値の組み合わせが全部で1,024通りもあるという話をしました。これはかなり少ない候補量で、実際にはすべての候補をしらみ潰しに見ていくことは不可能に近い規模になることが多いです。

そのように、すべての変数の値を調べるのが難しくなるのであれば、**効率的に変数の値の候補を探し出し、目的関数を最小化していく必要**が生じます。まさにアルゴリズムが真価を発揮する場面です。さまざまな種類のアルゴリズムが、それぞれの方法で効率的に最適解を探索していきます。

今回は理解しやすいであろう**「勾配降下法」**という最適化アルゴリズムを紹介します。「勾配」は「傾き」とほぼ同義です。勾配降下法は、**目的関数の勾配＝傾きに着目して、目的関数を最小にするように変数の値を操作・探索し、最適な値＝最適解を算出するというアルゴリズム**です。理解しやすいように、勾配降下法によるアルゴリズムのイメージを［図-2-2-4］に図示します。

■ 勾配降下法により解を改善する ［図 2-2-4］

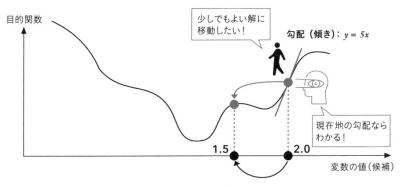

勾配降下法のコンセプトは、**周りが見えない状況で少しずつ坂を下ってい**
き、谷底を探すようなイメージです。具体的にその手順を考えます。

　まず、坂を下るため＝最適解を探索するために、現在地を決めておく必要
があります。そこで、どこかテキトウな変数の値をとります。これを**「初期**
値」と呼びます。初期値に関してはヒントがないので、基本的にはランダム
にどこかの値が選択されると考えてください。［図2-2-4］においては、人が
立っている（変数の値＝2.0の）位置だと捉えておきましょう。

　そのうえで、谷底に向かうために少しでも坂を下る＝最適解に向かうこと
を目指します。しかし、坂（目的関数）の全体像はわからないため、このまま
では坂を下れません。そこで勾配降下法では、**現在地の坂の勾配＝傾きを利**
用して、坂をどの方向にどのくらい下ればよいかを判断します。たとえば
［図2-2-4］の初期値の位置では、青線のような勾配になっていることがわか
ります。（少し中学数学の知識が必要になりますが）この直線が仮に $y=5x$ といった
数式になっていれば、傾きは"5"になります。

　そしてこの勾配＝傾きの値を利用して、現在地から値を更新（次の位置へ移
動）します。その式は［図2-2-4］にあるように下記の更新式になります。

$$次の値＝前の値－勾配 \times 学習率$$

　ここで**「学習率」**という単語が新たに登場しました。詳細は省きますが、
ある種の固定的な値（定数）だと思っておけば問題ありません。定数という
のは、たとえば0.1といった固定的な値です。

　そうなると、仮に現在地の変数の値が2.0、その位置の勾配＝傾きが5、学
習率が0.1だとすると、「次の値」は以下のように求められます。

$$次の値＝2.0－5 \times 0.1＝1.5$$

　もともと2.0にいた位置から、1.5に移動しました！ これにより、少し谷
底＝最適解に近づけた、つまり目的関数の最小化に一歩近づけたということ
になります。このアルゴリズムの肝は、**更新に勾配＝傾きの値を用いている**
点です。今回のように勾配がプラス（+）になっている場合は、次の値は前

の値より少し小さくなります。つまり図で考えると、坂が左下に傾いている
ため、少し左側に変数の値を移動したほうが坂を下れるようになります。

これは逆も然りで、勾配がマイナス（−）になっていれば、次の値は前の
値より少し大きくなります。この場合は坂が右下に傾いている状態のため、
少し右側に変数の値を移動したほうが坂を下れる、ということです。

■ 勾配の符号によって、値の更新方向が変わる［図 2-2-5］

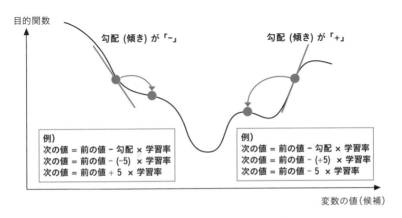

この更新式によって、**どの位置にいても少しだけでも坂を下れる、つまり
目的関数を改善させて最適解に近づくことができる**、というアルゴリズムに
なっているのです。

ここまでで1回分の更新が終わった形になります。もちろん1回だけでは
不十分です。ここから、コンピューターの計算パワーを借りて、何回も何回
も更新を続けます。**何回も更新し続けることにより、最適解に収束すること
を期待**できます。これが、最適化アルゴリズムによって最適解を求めるアプ
ローチです。

ここで、「どのタイミングで収束を見極めるか？」というのが気になりま
すが、更新式を見てもらえればわかるとおり、仮に**勾配＝傾きが0(ゼロ)に
なれば、次の値は前の値と変わらなくなるので、更新がストップします**。つ

まり、坂を下れなくなった時点で更新終了というわけです。

今回紹介したのは基礎に留まりますが、勾配降下法のアルゴリズムは学習率の値を工夫するなど、勾配降下法から派生する形でさまざまな改善がされています。

勾配降下法以外にも多くの最適化アルゴリズムが存在しますが、今回の紹介である程度、どのように最適解を探索するのか？というコンセプトを理解できたのではないでしょうか。Excelのソルバーでも（もちろん利用するアルゴリズムは異なりますが）似たようなアルゴリズムの活用により、最適解を計算できます。

■ 局所的最適解と大域的最適解

ここまでで最適化アルゴリズムの基本的なポイントは押さえられましたが、もう1点、実務で活用する際に覚えておきたい点に触れておきます。

それは、**得られた最適解が必ずしも唯一の値にはなりえない**、という可能性があることです。詳細に見ていきましょう。［図2-2-6］に図示されているような形状の目的関数があったとしましょう（前述のように、基本的に私たちには目的関数の全体の形状はわかりませんが、こういった形状であれば、という仮定の話とします）。そして勾配降下法などの最適化アルゴリズムを用いて最適解を探索する際に、勾配＝傾きが0になったら収束するのでした。しかし、［図2-2-6］のような目的関数になっていたらどうでしょう。見てのとおり、勾配＝傾きが0になりこれ以上更新が進まない、という変数の値が何箇所かあります。

青点で示した場所は勾配＝傾きが0なので、更新がストップしてしまい、初期値や学習率の値次第ではどこの値にでも収束してしまう可能性があります。簡単にいえば、**あるときは最適解が5となったが、再度計算してみると最適解が10になってしまった**、ということがありえるわけです。このように、その点付近では最良だが、全体を見渡した際に最良とは限らない解を「局所的最適解」（Local Optimum）といいます。一方で、目的関数全体の中でいちばん小さい値は1つのはずです。このような、探索すべき領域全体で最良と保証された解を「大域的最適解」（Global Optimum）といいます。

■ 局所的最適解と大域的最適解のイメージ［図 2-2-6］

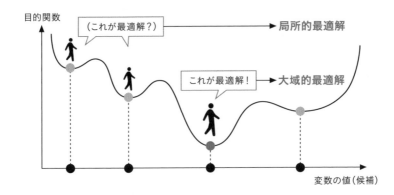

- 局所的最適解：その付近では最良の解だが、全体では最良とは限らない解
- 大域的最適解：探索すべき領域全体で最良が保証された解

　もちろん、大域的最適解を毎回見つけられればベストなのですが、前述したように、初期値の場所によっては局所的最適解に陥ってしまう可能性もあります。そして重要な点は、私たちには目的関数の全貌がわからないため、**得られた最適解が大域的最適解かを証明することが非常に難しい**ということです。したがって、得られた最適解が局所的最適解になっている可能性があることを念頭においておく必要があります。

　なぜこのようなトピックをここで取り上げたかというと、実務で数理最適化に取り組む際に、局所的最適解になっている可能性があることを知っているかどうかが重要だからです。たとえば、自分で実務・実社会の課題に数理最適化を適用し（自分で実装していようが他社・第三者に実装をしてもらおうが、どちらでもよいですが）、得られた結果を適用する場面を想定します。ここで仮にもう１回最適化を行って**（局所的最適解に陥ってしまっているせいで）異なる最適解が得られた場合に、ステークホルダー**(関係者)**に対する説明が非常に難しくなってしまいます**。「さっきと同条件・同データで同じことをしたのに、結果が違うじゃないか。なんでそんなことが起こっているんだ？　説明できないようであれば、ちょっと信用できないな……」といわれる可能性があります。

51

ここで局所的最適解の存在を知っていれば、「今回のように比較的複雑な問題設定だと、数理最適化のアルゴリズムも万能ではないので、さまざまなコンピューターの乱数などの影響により、局所的最適解という異なる最適解が得られてしまう可能性もあるのです」といえることで、説明責任を果たしやすくなります。そのような背景もあり、局所的最適解と大域的最適解は、数理最適化を現実の世界に適用したい人にはすべからく押さえておいてもらいたいトピックであると考えて、今回紹介しました。

　もちろん、局所的最適解は可能なかぎり回避できることが望ましいですが、完全に回避することは難しいです。したがって、たとえば実行時間に余裕があれば、**何回か同じ最適化を実行して、得られた複数の局所的最適解のうち、最もよい解を選択する**（最小化問題であれば、複数得られた値の候補の中から一番小さな値を選択する）、といった打開策が考えられます。

　なお、大域的最適解を見つける方法はあるのかという疑問を持った方がいるかもしれません。これは少し難しい話になってしまうのですが、大域的最適解が見つかるかどうかは、46ページで解説した「解析解」がわかるかどうか次第となります。

　定義した目的関数が比較的シンプルな場合は、その目的関数を最小化（もしくは最大化）するために、微分や線形代数などの数学技術を駆使することで、最適解を数式展開によって求められてしまうケースが存在します。そのように、数式展開によって求められる最適解を「解析解」といいますが、この解析解が求められる場合は、基本的にその解は大域的最適解であると判断できます。

3 なぜ、数理最適化を学ぶのか？

　ここまで数理最適化の定式化の定義や最適化アルゴリズムを通じて、数理最適化の基礎知識を学んできました。ここで少しトピックを変えて、**データ活用技術全体を俯瞰したうえで、そもそもなぜ数理最適化を学ぶのか？**を考えてみましょう。

　データ活用という枠組みで考えると、数理最適化はいろいろある技術群の1つでしかありません。そこで、データ活用や**「AI」「データサイエンス」**と呼ばれている分野において、実務上よく活用されている技術群を［図2-3-1］のようにマッピングしました。図の階層は、下のほうが技術的な難易度が低く、データ活用として取り組みやすいものになります。一方で階層が上にいくほど技術難易度が高くなりますが、その分、高度な問いにも答えやすくなるというイメージです。

■ データ活用の5段階レベル［図 2-3-1］

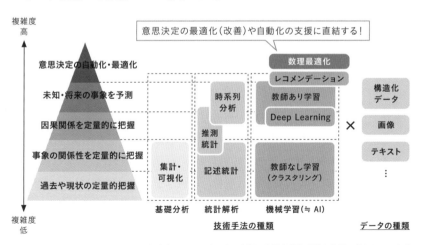

※あくまでイメージです。実際は多種多様な手法や分野に分かれています

今回は数理最適化をメインに取り上げるため、それ以外の技術は簡単な紹介に留めます。過去や現状を定量的に把握したいのであれば、まずは**データの集計や可視化**といったレベルから取り組むのがよいでしょうし、より事象の関係性を定量的に把握したいのであれば、**推測統計といった統計解析的なアプローチ**が考えられます。また、未知・将来の事象を予測したいといったより高度な問いにアプローチしたいのであれば、教師あり学習など**機械学習 (Machine Learning)** の活用が検討できます。このあたりはいわゆる「AI」と呼ばれる分野に近いでしょう。そのうえで、**数理最適化ではここまで見てきたように、最適な解を知る、つまりものごとの最適化をする**、というものになります。これは意思決定の最適化という意味ではとても難易度の高いものではありますが、実現すればその分インパクトも大きいと考えられるでしょう。また最適化の技術をシステムを使って自動的に行えるようにすれば、**意思決定の自動化**にまで繋げられます。

　これらの背景より、数理最適化は、**データ活用の技術の中でも、意思決定の最適化・改善や、その自動化の支援に直結する技術である**とも考えられます。したがって、このような技術として数理最適化を理解しておくことは、実務・実社会を改善していくうえでとても重要と考えられます。

　なお補足ですが、［図2-3-1］では一見、上の階層ほど重要な技術に見えるかもしれませんが、あくまで技術自体の難易度をもとにマッピングしているだけです。ビジネス・社会に対する適用という観点での重要性は、すべて同程度だと思っています。あくまで目の前の課題に対して、最適な技術を選択して適用していく、ということが大切です。

　最後に、手前味噌で申し訳ないですが、もしここで紹介したデータ活用技術を幅広く知りたいという方は、私が以前に執筆した**『ビジネスの現場で使えるAI&データサイエンスの全知識』**（インプレス刊）を参照していただければ、データの集計・可視化、統計解析、機械学習、レコメンドといった、さまざまな技術群の基礎知識や実務的な使い方の理解が進むと思います。

4 数理最適化の種類

　数理最適化の基礎知識の締めくくりとして、最適化の種類を押さえておきましょう。「数理最適化」には、大きく分けると**「連続最適化」と「組み合わせ最適化」**の2種類があります。

　それぞれの概念を理解しておくことで、身近な事例やビジネスケースにおいてどう使い分けるのか？というイメージが深められるはずです。そこで、Chapter3以降のケーススタディに取り組む前に、この2つの最適化に関して簡単に紹介しておきましょう。

━━ 連続最適化とは？

　連続最適化と組み合わせ最適化の違いは、**変数の種類**にあります。その中でも連続最適化とは、その名のとおり**変数が連続的な数値をとるような最適化問題**を指します。具体的には、0、0.1、0.2、…、1.0、1.1…といった連続的に繋がった値をとる変数です。正確にはこのように等間隔で増減するわけではなく、（0.15や1.08など）範囲内のあらゆる値が含まれます。

　たとえば商品の価格は、100円でも101円でも、さまざまな値になりえるため連続最適化の対象となる変数だと捉えられます。細かいことをいえば、価格だと小数点はとらないので、連続変数ではないのではないか？と思うかもしれません。その着眼点は非常に素晴らしいです。ただし、100と101は近い値であり100と1000は遠い値である、といったように値と値に連続性・関係性がある場合は、小数点がないケースでも連続最適化として定義したほうがよいでしょう。技術的には、実際は小数点もとりえる変数として最適化問題を解き、仮に最適解が100.7であれば四捨五入して101を最適解とする、といったアプローチができます。

　イメージとしては次ページの［図2-4-1］のように、変数の候補が無数にあり、それに応じて目的関数の値が計算される形となります。

■ 連続最適化の定義 [図2-4-1]

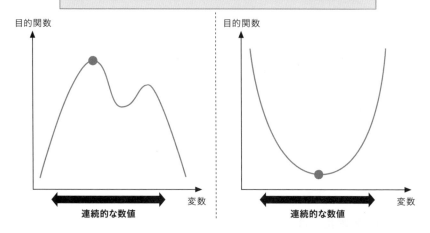

連続最適化：**変数が連続的な数値をとるような最適化問題**

連続最適化の事例

　ここで、よく使われる連続最適化の事例を紹介しておきましょう。さまざまな活用が考えられますが、たとえば [図2-4-2] に記載したような活用事例があります。

　1つ目の商品価格の最適化は、商品価格を変動させることにより、その商品を売ったことで得られる売上や利益を最大化するというアプローチです。もう少し発展的な活用方法としては**「ダイナミックプライシング」**と呼ばれるアプローチもあります。これは文字通りダイナミック（動的）にプライシング（価格最適化）するというものです。たとえば航空会社の航空券のチケット代は、最近では需要や環境状態に応じて日々刻々と変動していますが、それに近いイメージを持つとわかりやすいでしょう。ただ実際に日々刻々と変動するダイナミックプライシングをしようと思うと、システム設計なども複雑に絡んできて難易度がぐっと上がります。そのため、まずは導入しやすい商品単価の「見直し」程度から始める、といった検討がよいでしょう。

■ 連続最適化の活用事例［図 2-4-2］

最適化の事例	どのような変数を 最適化するか	どのような目的関数を 最大（最小）化するか
商品価格の最適化	商品ごとの単価	利益 （あるいは売上など）を 最大化
広告予算配分の最適化	媒体ごとに対する 出稿金額	広告費用対 効果 （広告経由の売上） を最大化
金融資産ポートフォリオの 最適化	銘柄ごとに対する 資産投資金額	リスク対 投資収益を 最大化

　Chapter1で紹介した広告予算配分の最適化も、商品価格と同様に出稿金額も連続変数となるので、連続最適化に相当します。

　また、たとえば金融関連でどういった銘柄（資産）にどれだけの金額を投資すれば投資のリスク対リターンを最適化できるかという問題があります。広告の予算配分にもコンセプトが似ていますね。このような金融資産の最適化は、よく**「ポートフォリオ最適化問題」**といわれます。なお、ここで紹介した3つの事例は、どれもChapter3以降のケーススタディで取り上げています。

　このように、変数が連続数値となっている場合は、連続最適化という枠組みの中で最適化問題を解くことになります。データサイエンティストやエンジニアでなければ細かい内部のアルゴリズムを気にする必要はありませんが、**連続最適化と組み合わせ最適化で、内部でどのようなアルゴリズムを採用して解くかが異なります**。したがって、アルゴリズムの細かい部分は考えずとも、実装者と一緒に、ビジネス的にどのような変数を最適化したいか？そしてそれは連続変数かどうか？といった視点でディスカッションできると非常によいでしょう。

━ 組み合わせ最適化とは？

組み合わせ最適化も紹介しておきましょう。こちらもビジネスで非常によ く使われます。組み合わせ最適化とは、**変数が離散的な数値をとるような 最適化問題**を指します。離散的な数値とは、男性（男性を0とし）・女性（女性を 1とする）といった、それぞれの値が別々の項目・カテゴリになっているよう な数値のことです（値と値の間に距離がない、と表現することもあります）。

たとえば対象となる変数が2種類ある場合は［図2-4-3］のような、**変数 ごとに対応する値の組み合わせ**となります。ゆえに組み合わせ最適化と呼ば れているわけです。この中で、目的関数が最も大きい（または小さい）値とな る変数の組み合わせが最適解である、と考えられます。

■ 組み合わせ最適化の定義［図 2-4-3］

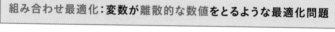

組み合わせ最適化：**変数が離散的な数値をとるような最適化問題**

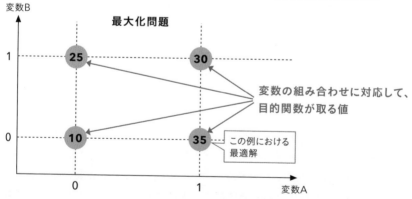

実務的によく利用されるのは「XXするかどうか」という事象を0か1の 変数として捉えるケースです。具体例を見ていきましょう。

━━ 組み合わせの事例

　連続最適化と同様に、よく使われる事例を［図2-4-4］にいくつか列挙しています。

■ 組み合わせ最適化の活用事例［図 2-4-4］

最適化の事例	どのような変数を 最適化するか	どのような目的関数を 最大（最小）化するか
配送ルート最適化	**どの車両がどの箇所を** 訪問するかしないか （0/1）	**配送する車両台数** （あるいは移動距離など） **を最小化**
積付最適化 （ビンパッキング）	**どの商品をどの箱に** 詰めるか詰めないか （0/1）	**詰め込む箱数を** **最小化**
シフトスケジュール **最適化**	**その人員をその時間帯に** 入れるか入れないか （0/1）	**稼働する従業員数** **を最小化**

※変数や目的関数は一例なので、ビジネスケースによって定式化は異なる可能性があります

Chapter 2　数理最適化で何ができるのか？

　1つは、物流・配送業界などでよく用いられている**ルートの最適化**です。これは**「ある車両が、ある店舗等の配送先を訪問するならば1、しなければ0」**といった変数の設定となります。そして、すべての車両・すべての配送先に関する変数（0または1）の組み合わせがわかれば、車両ごとにどういったルートで配送するかがわかります。結果的に、配送する車両台数や配送にかかる移動距離などが最小化されていれば、ビジネス上の効果があるといえます。これに似た**「巡回セールスマン問題」**も組み合わせ最適化の例としてよく登場します。本書でもChapter7で観光ルートの最適化という形で取り上げます。

　2つ目も同様に0または1の変数で考えられる**積み付けの最適化**です。これも物流トラックなどさまざまな場面で活用されますが、**「ある商品を、ある箱（あるいはトラックなど）に詰め込むならば1、しなければ0」**といった変数の設定となります。そしてその結果、詰め込む箱数を最小化できればト

59

ラックなどの使用台数を削減できます。詰め込みに関わる有名な問題としてはChapter1で紹介した**「ナップサック問題」**や**「ビンパッキング問題」**などがよく引き合いに出されます。

　3つ目は**シフトスケジュールの最適化**です。誰をどういった時間帯にシフトに入れるかという施設責任者などがよく頭を悩ませる問題を、最適化問題として解きます。人員ごとにシフトに入れない時間帯などの制約条件をクリアしながら**「どの人をどの時間帯に入れるか（1か0か）」**という変数の最適解を求めて、稼働人数を最小化することを目指します。この問題は、Chapter6で取り上げます。

　組み合わせ最適化はその名のとおり、変数の組み合わせを考えるので、少し勘がいい人は、すべての組み合わせを列挙してしまえばよいのではないかと考えるかもしれません。対象とする商品数や人数などが少なければそのやり方でも成り立ちますが、多くなるとそうもいきません。たとえば前述した巡回セールスマン問題やナップサック問題では、対象の巡回先や商品数が30を超えるだけで、数十億を超える組み合わせとなってしまいます。**「組み合わせ爆発」**などと呼ばれるこの問題を回避するために、さまざまな最適化アルゴリズムによって素早く解を求めることを目指します。

　余談ですが、最近話題になっている**量子コンピューター**は、この組み合わせ問題を超高速に解けるといわれており、さまざまな研究が進んでいます。ただ現状では研究途上な部分も多く、また量子コンピューター自体や取り巻くソフトウェアも社会的に普及していないので、実務的な最適化問題への応用はもう少し先になりそうです。しかし、数理最適化を手軽に実装でき実社会に素早く適用できるという楽しみな未来が待っているかもしれない、という期待は持てるでしょう。

5 Excelで数理最適化を解く

本Chapterの最後に、次ChapterからExcelを使って数理最適化を始めるにあたって必要な準備をしておきましょう。

── 数理最適化を解くためのツール

Excelの準備方法を共有する前に、数理最適化を解くためのツールの全体像を紹介しておきます。少し触れましたが、数理最適化を解くツールはExcelの「ソルバー」機能だけというわけではありません。いくつものソリューションが存在しますが、それらをわかりやすいように、[図2-5-1]のように大別して整理します。

■ 数理最適化を解くためのツールの一覧 [図 2-5-1]

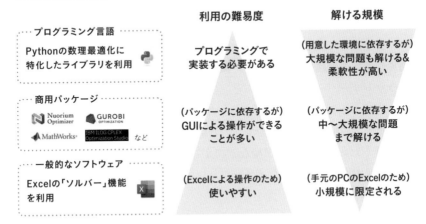

※問題の種類や用意したサーバー環境によって変動する部分も多いので、あくまでイメージ程度で捉えてください

大きく、**Excelのソルバー機能、数理最適化を解くための商用パッケージ、Pythonといったプログラミング言語**、と分けられます(Excelも商用パッケージ

61

であることは間違いないのですが、本書ではExcelをツールとして使用するので、あえて分けています）。これらは**「利用する際の難易度」「数理最適化の問題を解ける規模」**といった軸で主な使いどころを切り分けることができそうです。

　まず今回利用するExcelのソルバー機能に関しては、なんといっても皆さんが使い慣れているであろう**Excelによる操作のため、使いやすく、利用難易度が低いことが大きなメリット**となります。一方で、手元のPCのExcelでの利用を想定すると、解ける問題の規模はそこまで大きくなく、小規模な問題に限定されやすいというデメリットもあります（もちろん工夫次第では大きな問題も解くことはできるのであくまで大まかな傾向として）。規模というのは、基本的には探索すべき変数の候補などが挙げられます。簡単に例えるなら、泥棒の問題で対象となる金品が100品までであれば解けるが、1万品は多すぎるため、規模が大きく解けないといったイメージです。

　商用パッケージの場合も有償提供である分、多くの場合は**GUI(Graphical User Interface)で操作できます**。つまりExcelと同様に一般的なPCスキルで扱えるようにできています。Excelでは難しい中規模や大規模の問題まで解けるというメリットがありえます。

　最後にPythonなどといったプログラミング言語（正確にはその言語で扱えるライブラリ）を利用する場合は、プログラムを書く必要があるので、利用難易度はグッと上がってしまうでしょう。その分、書けさえすれば、かなり**自由度が高く最適化の問題を解けるので、柔軟性は高い**ですし、解くために大規模なクラウドサーバーなどをきちんと一緒に用意できれば、大規模な問題までしっかり解くことができるでしょう。

　ここまでの説明は、わかりやすさのために簡略化した部分もあり、問題の種類や解くためのサーバー環境などによって変動する部分も大いにあります。あくまでざっくりとしたイメージとして捉えておいてください。

■ Excel「ソルバー」のインストール方法

　さて、これらの利用ツールの中で、今回は最適化の実装方法を覚えたいわけでもなく、大規模な問題を解きたいわけでもありません。あくまで数理最適化のコンセプトを理解し、そのために簡単なケースを多く取り上げるの

で、**Excelのソルバー機能**を利用するのが最適でしょう。

　なお、本書ではExcelを少しでも使用したことがあるユーザーを対象として、Windows 11でMicrosoft 365のExcelを用いた前提で解説しています。ただし、WindowsやExcelのバージョンが多少異なっていても問題ありませんし、Mac版でも（多少本書と異なる画面になっている可能性はありますが）同じように利用できます。Excelで数理最適化を解くために、「ソルバー」というアドインを用います。この機能を追加していない場合は、以下の手順に従って操作してください。

　アドインを追加するには、［ファイル］→［その他］→［オプション］をクリックして、［オプション］ダイアログボックスを表示します。［オプション］ダイアログボックスの［アドイン］をクリックし❶、［管理］にある［設定］をクリックします❷。すると［アドイン］ダイアログボックスが表示されます。

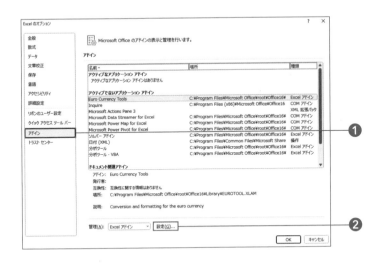

　［アドイン］ダイアログボックスで、［ソルバーアドイン］にチェックを入れて❸、［OK］ボタンをクリックします❹。なお、「分析ツール」は今回は利用しませんが、チェックを入れておいても問題はないでしょう。この後、もしインストールされていないという内容のメッセージが表示されたら、画

63

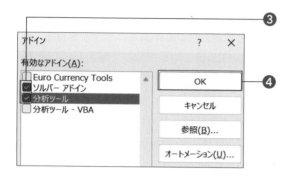

面の指示に従ってインストールをしてください。

　Macの場合は、［ツール］メニューの［Excelアドイン］をクリックし、［アドイン］ダイアログボックスにて、［Solver Add-in］にチェックを入れて❶、［OK］ボタンをクリックします❷。Windowsと同様に［分析ツール］に関しては、チェックを入れても入れなくとも、どちらでも構いません。

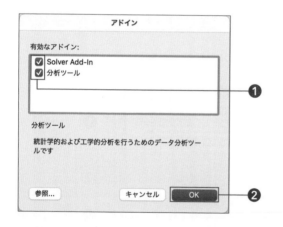

　なお改めて、本書では WindowsのExcelを前提に進めていきます。Macの場合はメニューやボタンの配置が本書の内容と異なるため、適宜読み替えて操作してください。

　それでは、次Chapterからは、具体的にExcelを使った数理最適化の適用ケースを学んでいきましょう。

Chapter

3

ケース1

商品価格を
最適化して、
売上を最大化しよう

　ここからは数理最適化をどのようにして実務・実社会に対して適用するか？という理解を深めるために、個別具体のケーススタディを取り上げていきましょう。まずは数理最適化の活用イメージを深めるために、わかりやすいであろう商品価格の最適化の例を取り上げます。

　Chapter3では、**商品価格を最適化することにより、売上を最大化する**ことを目指していきます。

■ 本書の全体像 ［図 3-0-1］

Chapter1 数理最適化の導入	→	**Chapter2** 数理最適化における基礎知識

連続最適化

Chapter3 事例 1　商品価格の最適化
Chapter4 事例 2　広告媒体の予算配分の最適化
Chapter5 事例 3　金融資産の投資比率の最適化

組み合わせ最適化

Chapter6 事例 4　シフトスケジュールの最適化
Chapter7 事例 5　ルートの最適化

Chapter3でわかること

☑ 商品価格の最適化に関する問題設定

☑ 連続変数の最適化問題の解き方の基礎理解

☑ Excelのソルバー機能を用いた最適化方法

1

課題
発見

売上を最大化する
商品単価を求めよう

さて、とある小売店の運営会社のケースを考えてみましょう。運営する小売店では、さまざまな商品を仕入れて販売していますが、商品数が増えてきて、1つ1つの商品に対する取り扱いの精度が悪くなってきました。その中で、商品の価格を適正化すべきではないかという声が上がってきました。過去の傾向を見ると（商品特性によって異なりますが）、比較的多くの商品に関して、単価を下げれば、売上単価が下がるので売上も下がり、単価を上げすぎれば今度は販売個数が下がって売上が下がるという現象が見受けられます。

売上を構成する要素はさまざまですが、簡略化すると、商品単価と販売個数のかけ算となります。つまり、商品単価が変わることで、売上金額は変わってくると考えられます。そこで、売上が最大となる商品単価を見つけられないか？という課題解決を模索することに決まりました。

■ 売上を最大化する商品単価を見つけられるか？ [図 3-1-1]

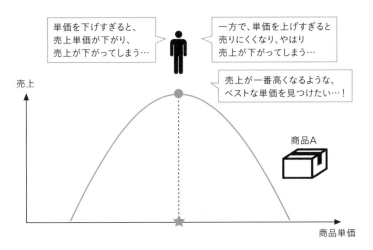

2 | 問題設定 | 価格最適化を数理最適化の問題に落とし込む

━━ 変数と目的関数を定義する

先ほどの課題を具体的に数理最適化の定式に落とし込んでいきましょう。最初のケースということもあるので、まずは単一の商品に関して、制約がない最適化の問題を考えてみましょう。

数理最適化の問題設定において、まず考えなければならないのは、以下の2つとなります。改めて振り返っておきましょう。

- 変数：どの値を最適にしたいのか？
- 目的関数：変数を動かすことで、何を最大化／最小化したいのか？

この両者をどう定義するかは、ビジネスの文脈などさまざまな要因に左右されるので「必ずこうである」とは決められません。

今回はわかりやすさを重視して、シンプルに**「商品単価を最適化して、売上金額を最大化したい」**と考えましょう。そうすると下記のように定義できそうです。

- 変数：ある商品の「商品単価」
- 目的関数：その商品を売ったときの「(期待される) 売上金額」

つまり今回は、**「目的関数である売上金額を最大化する、変数である商品価格の最適解を求める問題」**といえます。

本章では、数理最適化の本質的な理解を深めるために少々数式を取り上げて紹介していきますが、そこまで難しい数式ではないので、頑張って一緒に学んでいきましょう。

売上金額を分解する

　目的関数が売上金額で、変数が商品単価なので、商品単価と売上金額に何かしらの関係性がないといけません。そこで、両者の関係性を**定式化**（「モデリング」ともいいます）する必要があります。

　皆さんは中学・高校数学などで「関数」を習ったはずです。関数というのは「ある変数に依存して決まる値・式」です。典型的な例は**「1次関数」**です。これは**直線の式**であり、以下のように表せます。

■ 1 次関数の定義 ［図 3-2-1］

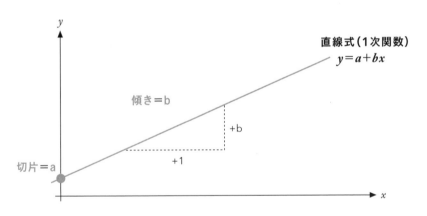

直線式（1次関数）
$y = a + bx$

傾き＝b

＋b

＋1

切片＝a

y

x

　ここで、今回の数理最適化の枠組みで考えてみると、

- 縦軸の y の値は目的関数
- 横軸の x の値は変数

と言い換えられます。つまり「xという変数の値を動かすことによって、目的関数であるyの値が決まる」という構図となります。

　なお、aやbはよく**「切片」**や**「傾き」**といわれますが、総称して**「パラメータ」**と呼ばれます。このパラメータの値を決めることも重要ですが、こ

の値はデータの傾向などから"事前に"決める値となります。このあたりは後ほど取り上げます。この1次関数は関数の最も基本的な式 (モデル) であり、ここからさまざまな形に派生します。ただ本書は数学を学ぶ書籍ではないので、関数に関してはこれ以上深追いしません。

　ここで、商品単価と売上金額の話に戻りましょう。売上金額は非常に多くの要因により決定されますが、今回は商品単価との関係性をできるだけシンプルに考えます。そこで、売上金額は販売個数と商品単価のかけ算であると定義してみましょう。

$$売上金額 ＝ 販売個数 × 商品単価$$

　この定式化により、売上金額が商品単価と販売個数によって説明されているという関係性を明確にできました。これも一種の1次関数であると考えられます。しかし、このままだと「商品単価を上げれば上げるほど、売上金額も上がる」という関係性になってしまいます。すると売上金額を最大化するためには、商品単価を＋∞ (無限大) にすればよい、という非現実的な最適解となってしまいます。

■ 商品単価を上げるほど、売上金額も無限に増える？［図 3-2-2］

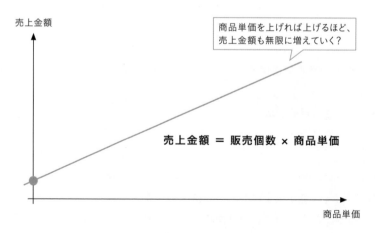

売上金額

商品単価を上げれば上げるほど、
売上金額も無限に増えていく？

売上金額 ＝ 販売個数 × 商品単価

商品単価

━━ 販売個数と商品単価の関係性を定式化する

　ここで、先ほどの式における「販売個数」に着目してみましょう。販売個数は、どのように決定されるでしょうか? 売上金額と同様に、非常に多様な要因により決定されそうですが、ここでも問題をシンプルにして、販売個数と商品単価の関係性を考えてみましょう。

　冒頭の課題設定でも述べたように、今回は多くの商品において**「商品単価を上げるほど販売個数は下がる」**傾向にあるとしましょう。実際、単価が下がれば消費者は買いやすいし、その逆も然りなので、一般常識としてもおかしな仮定ではないはずです。

　その傾向をどのように定量化するかは非常に難しいですが、ここでもいったんはわかりやすくするために、先ほど紹介した1次関数＝直線の関係性にあると仮定しましょう。すると下記のように、**「商品単価を上げれば上げるほど、販売個数が下がる」**という負の傾きをもった（右肩下がりの）直線になりそうだと想定されます。

■ 販売個数と商品単価の関係性を定式化 [図 3-2-3]

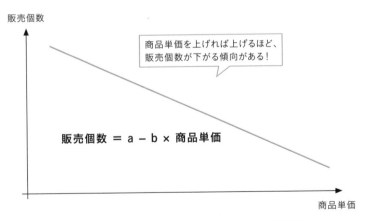

━━ 商品単価と売上金額の関係性を定式化する

ここまで定量化した式を整理しましょう。

 1 売上金額 = 販売個数 × 商品単価
 2 販売個数 = a(切片) − b(傾き) × 商品単価

すると、1の「販売個数」の部分に、2の式を代入できそうです！ 実際に代入して式を展開してみると、以下のようになります。

■ 商品単価と売上金額を定式化 [図 3-2-4]

売上金額 = 販売個数 × 商品単価
売上金額 = (a − b × 商品単価) × 商品単価
売上金額 = − b × 商品単価^2 + a × 商品単価

これで、商品単価と売上金額の関係性を、式 (モデル) で表現できました！ なお章の最後に補足しますが、この定式化はいろいろな考慮事項を削ぎ落としてかなり簡略化したものです。実務レベルではまだまだ改善の余地がありますが、**対象とする変数 (今回は商品単価) を用いて、目的関数 (今回は売上金額) を定式化する**というイメージがついたでしょうか。

そして、気がついたかもしれませんが、[図3-2-4] の式は2次関数の式となっています。aやbの値によって形状は異なりますが、下もしくは上に凸の形状となります。今回は以下のような関係性となっているはずなので、上に凸な二次関数の形状になります。

● 商品単価が下がりすぎると、売上金額も下がる
● 商品単価が上がりすぎると、売上金額も上がる

■ 商品単価と売上金額の関係性［図 3-2-5］

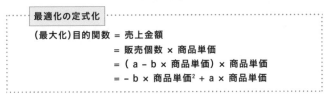

最適化の定式化

（最大化）目的関数 = 売上金額
= 販売個数 × 商品単価
= (a − b × 商品単価) × 商品単価
= − b × 商品単価² + a × 商品単価

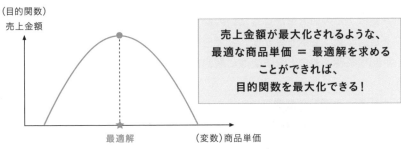

（目的関数）
売上金額

最適解　　　（変数）商品単価

売上金額が最大化されるような、
最適な商品単価 = 最適解を求める
ことができれば、
目的関数を最大化できる！

　このモデルを解き明かすことができれば、売上金額が最大となるような商品単価の価格＝最適解を見つけ出せそうです。

　何度も述べますが、このように数理最適化では、現実の解きたい事象を、いかにして定式化（モデル化）するか？が重要となります。

■ 現実世界の問いを数式（モデル）に変換する［図 3-2-6］

現実の世界　　　　　　　　　　　　数式（モデル）の世界

ゴール：売上金額を最大化したい
そのために何ができるか：
　　　　商品の商品単価を変動させる

定式化

目的関数：商品の売上金額
変数：商品の「商品単価」

（最大化）目的関数 = 売上金額
= 販売個数 × 商品単価
= (a − b × 商品単価) × 商品単価
= − b × 商品単価² + a × 商品単価

▬ 商品単価に制約条件がある場合を考える

ここまでで、解きたい最適化問題のモデル化を考えることができました。ここで改めて、数理最適化で押さえなければならないポイントを確認しておきましょう。

- 変数：どの値を最適にしたいのか？
- 目的関数：変数を動かすことで何を最大化／最小化したいのか？
- 制約条件：対象となる変数に制約があるか？

これまで変数と目的関数は決められましたが、制約条件は特に考えてきませんでした。ただし実務上、**最適化問題を解くには、多くの制約条件を考慮しないといけません**。今回の価格最適化の例でも、たとえば以下のような制約条件が考えられます。

- 商品単価は仕入れ価格よりは下げられない
- 消費者への影響を鑑み、現行価格のX％以上の値上げは避けたい
- 他メーカーへの影響も鑑みると、対象商品と同一カテゴリの商品群の価格に対して、±X％の範囲に収めたい
- ……

このように、実社会では他人・他社への配慮といった曖昧性をもった要件はたくさん存在します。もちろん意味のない制約は省くよう努力すべきです。しかし業務要件などから加味しないと案件・導入が進まないといったケースでは、うまく制約条件を満たしながらも、無意味なものは排除して、効果的に最適化問題を解くことが、まさに腕の見せどころとなります。

さて、今回はあまり複雑な制約までは考えず、制約条件の雰囲気が伝わる程度の例に留めておきましょう。

その意味ではどういった制約条件でもよいのですが、わかりやすいように「（商品単価を現行価格から変動しすぎると顧客体験が損なわれてしまう可能性を考慮して）**商品単価はXXX円以上YYY円以下とする**」という制約条件を考えてみましょ

う。XXX、YYYの部分は、今回は特に具体的な値とせず何かしらの固定的な値である程度の仮定としておきましょう。後ほどの演習問題の際に、具体的な数値をおいて解いてみることとします。

　イメージは簡単で、先ほどの変数（商品単価）と目的関数（売上金額）の関係性を示す2次関数において、その上限値が存在するだけになります。

■ 商品単価に制約条件がある場合のイメージ［図 3-2-7］

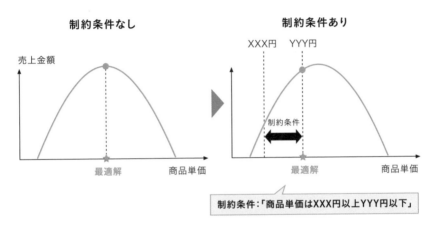

このような制約条件も含めて改めて最適化問題を整理すると、下記のような定式化となります。先ほどとほとんど変わっていませんが、目的関数の記述に加えて制約条件を加える形となります。今回は1つの制約条件としましたが、そのほかにも制約条件を考慮しなければならない場合は、シンプルに制約条件部分に条件を加えて列挙していけば大丈夫です。

■ 今回解きたい最適化問題 [図 3-2-8]

[定式化]

最適化対象の変数：商品単価

(目的関数)
$Maximize$ ：売上金額
$= -b × 商品単価^2 + a × 商品単価$

(制約条件)
$Subject\ to$ ：XXX ≤ 商品単価 ≤ YYY

　なお、本書は数式がそこまで得意ではない方も対象としているので上記のような書き方としていますが、学術的には以下のように表せます。

■ 今回解きたい最適化問題を学術的に記述 [図 3-2-9]

$$argmax_x : -bx^2 + ax$$
$$Subject\ to : c \leq x \leq d$$

● x：商品単価, a, b：パラメータ
● c：商品単価の下限値, d：商品単価の上限値

　論文などでこのような式を見たら、何かしらの最適化問題を解いているんだなと思って間違いありません（本章では参考までに記述しましたが、専門家でなければこのような式を覚える必要はありません）。

3 Excel実践 売上金額を最大化する 商品単価を求めよう

商品単価と販売個数の関係をモデリング

　さて、最適化の紹介を終えたところで、冒頭で述べた課題を具体的に解いていきましょう。Chapter2で述べたように、本書ではExcelを用いて最適化問題を解いていきます。ここまでの問題設定で学んだ内容を、Excelでトレースすることで、より理解を深めていきましょう。

　問題設定編で述べたとおり、対象商品における商品単価を最適化するためには、まず「商品単価と販売個数」の関係性を定式化（モデル化）する必要があります。

「安くすればたくさん売れる・高くすればあまり売れない」とシンプルに考えることで、商品単価 対 販売個数は、右肩下がりの直線で表します。

■ 商品単価と販売個数の関係性を直線でモデリング［図 3-3-1］

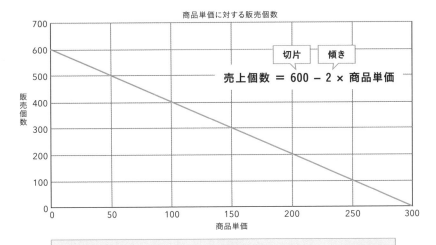

単価を高く（低く）するほど、売上個数が下がる（上がる）ことを表現

77

今回は簡単な演習のため、切片と傾きを事前に決めておきましょう。実務的には、いくつかの商品価格で試した結果をデータとして蓄積して、そのデータをもとにベストな切片や傾きを決めます。このやり方は、データから**「学習する」**といわれ、データ解析的なアプローチをする統計解析や機械学習の分野でよく活用されています。どのように切片と傾きの値を決めるか？に関しては詳細は省きますが、端的にいえば［図3-3-2］のようにデータ（緑の円）との差分が最小になるように直線を引いて求めます。

■ 過去データを蓄積し、直線式を求める［図 3-3-2］

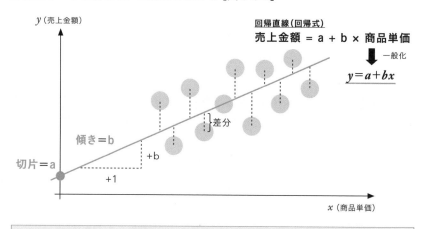

データをもとに、データと直線の差分が最小になるような「切片」と「傾き」を求める

　今回は、以下の直線の式 (これを「回帰式」と呼びます) で表します。
切片を 600、傾きを − 2 とし、

$$販売個数 = 600 − 2 × 商品単価$$

　これにより、商品単価をどう変えると、販売個数がいくつになるか？を予想できそうです。77ページの［図3-3-1］は、ダウンロード提供しているExcelファイル「chap03_item_price.xlsx」の「数値計算で最適解を探索」シートに、商品単価と販売個数をプロットする形で図示しています（Excel

ファイルのダウンロード方法は10ページを参照ください）。

━━ 商品単価と売上金額の関係をモデリング

　この前提をもとに、商品単価と利益の関係性をモデリングします。商品単価に対する販売個数が定式化できたので、商品単価に対する売上金額（＝商品単価×販売個数）がわかります。改めて、問題設定で定義した商品単価と売上金額の関係性は以下のようになります。

■ 今回解きたい最適化問題 ［図 3-3-3］

Maximize

$$売上金額 = -2 \times 商品単価^2 + 600 \times 商品単価$$

　今回の定式は、比較的簡単に定義できたので、Excelでその計算ができます。chap3_item_price.xlsx の「数値計算で最適解を探索」シートを開いてください。商品単価から売上金額を計算し、プロットしたものが上に凸な2次関数の形状となっていることがわかります。この2次関数が、そのまま目的関数になっているということです。

■ 商品単価と売上金額の関係性を Excel で計算 ［図 3-3-4］

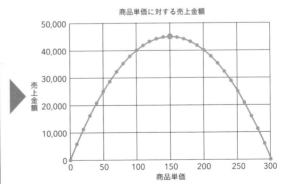

商品単価	販売個数	売上金額
0	600	0
10	580	5,800
20	560	11,200
30	540	16,200
40	520	20,800
50	500	25,000
60	480	28,800
70	460	32,200
80	440	35,200
90	420	37,800
100	400	40,000
110	380	41,800
120	360	43,200
130	340	44,200
140	320	44,800

「商品単価」と「売上金額」の値をプロットすると、
（2次関数の）目的関数を表現できる

79

この計算から、シートや図をよく見ると、売上金額が最大となる商品単価は150円であることがわかりました！ 実は、今回の最適化問題は先ほどから述べているように（上に凸の）2次関数として定義できるので、Excelの計算式などを使えば比較的簡単に求められます。今回は、四則演算や数学の「微分」などの知識を用いて、数式の変形だけで最適解を求められる**「解析解」**に相当します。

　しかし実務的には、より複雑な最適化問題を解く必要があり、今回のように解析的には求められないケースも多いです。その場合はChapter2で紹介したような、商用パッケージやプログラミング言語など、Excel以外のツールを使って解く必要があります。

　今回は、Excelのソルバー機能を活用して、解析解と同様の解を得られるかどうか、試してみましょう。前述のとおりソルバーは**Excelのアドイン機能に含まれる1つのツール**であり、Excelを導入してさえいれば、特に追加課金などなしで利用できるすぐれものです。

　なおPythonなどのプログラミング言語でもExcelで解けるような小規模・シンプルな問題は解けますが、当然それらのプログラミング言語を習得する必要があります。Excelのソルバー機能であれば、Excelを使えれば、あとは数理最適化の知識があればある程度操作できるので、学習としては最適であると考えられます。

■ Excelの「ソルバー」を使用して最適化問題を解く

　先ほどのように、Excelの簡単な計算で商品単価の最適解を求めることができました。しかしせっかくなので、Excelのソルバー機能を利用して最適化を行ってみて、実際の結果が一緒になるか確認をしてみましょう。

　なお、次章以降は、Excelの四則演算の計算だけで解けないケースもあるため、ソルバーをふんだんに使用していきます。

　chap3_item_price.xlsxの「ソルバーで最適解を探索」シートを開いてください。シートの上部にある「（制約条件がない場合）」という部分に、これ

■ ソルバーで最適解を探索するための前提情報 [図 3-3-5]

▲	A	B	C	D	E	F	G	H
1								
2		（制約条件がない場合）	↓ 変数				↓ 目的関数	
3			商品単価	切片	傾き	販売個数	売上金額	
4			0	600	-2	600	0	
5								

変数としての商品単価。
ソルバーによって最適な値を探索する

目的関数としての売上金額。
ソルバーによって最大化させたい

までの設定を記載してあります。

　なお、ソルバーによる演習部分は、最適化前の状態となっているので、以降の解き方に合わせて、ぜひ自分で手を動かして計算してみてください。一方で、同梱している「chap3_item_price_answer.xlsx」というファイルは、解答例付きのものとなっているので、こちらも適宜参考にしてください（すべてのChapterで解答例のファイルを用意しています）。

　また、本書の図表だけを見ても学習は進められるようになっているので、Excelの有無に関わらず読み進められます。

　さて、「売上金額」は変数となる商品単価、そしてパラメータである切片・傾きにより計算されている形となります。なお途中の過程で販売個数も計算していますが、今回は特に気にしなくとも大丈夫です。

　現状は、商品単価が初期状態として0(円)になっていますが、これをソルバーを使って最適化してみましょう。最適化した結果、売上金額（Excelのセル G4：目的関数に相当）が最大化されていて、商品単価（Excelのセル C4：変数に相当）が最適解になっていることがゴールです。

　それでは次ページからExcelを使った操作を解説していきます。

まずは、［データ］タブの一番右にある［ソルバー］をクリックします。

■ ソルバーを表示 [図 3-3-6]

ソルバーでは、主に以下の点を分析者が設定する必要があります。

- 目的関数（目的セルの設定）
- 変数（変数セルの変更）
- 制約条件（制約条件の対象）
- 最適化アルゴリズム（解決方法の選択）

これらを設定して最適化を実行することで、Excelが最適化を解いてくれます。ソルバーを表示すると、［ソルバーのパラメータ］ダイアログボックスが表示されます。ここに目的関数や変数、制約条件、そして最適化方法などを入力していきます。

1 まずは今回の目的の1つである「売上金額」を求めたいセルとして、［目的セルの設定］にセルG4（売上金額の値）を絶対参照で指定します（［目標値］は［最大値］とする）。

2 次に、［変数セルの変更］に、変数である「商品単価」に該当するセルC4を絶対参照で指定します。

3 ［解決方法の選択］で［GRG非線形］が選択されていることを確認し

4 ［解決］ボタンをクリックし、最適化を実行します。

③の解決方法は、内部でどういったアルゴリズムを用いて最適化問題を解くか？を指定する部分です。本書で詳細は述べませんが、もし自分で活用する場合には、（あまりいいやり方とはいえませんが……）「シンプレックスLP」「GRG非線形」「エボリューショナリー」の順に実行していき、「ソルバーによって解が見つかりました。」となれば問題ないでしょう。

■ 制約条件なしの場合の、ソルバーのパラメータ設定［図 3-3-7］

　ここで**「ソルバーによって解が見つかりました。すべての制約条件と最適化条件を満たしています。」**といったメッセージが表示されていれば成功です。［OK］ボタンをクリックします❶。

■ ソルバーの結果［図 3-3-8］

仮に「解決されていない」などと表示された場合は、セルの指定などに間違いがないかをチェックして再度試行しましょう。

さて、商品単価と売上金額を見てみると、もともと「数値計算で最適解を探索」シートで探索した最適な商品単価、そしてその時の売上金額になっていそうなことがわかります！

また初期値の商品単価が0円のときと比べても、売上金額は0円から45,000円に増加していることが見てとれます。

■ 最適解を確認する［図 3-3-9］

	B	C	D	E	F	G	H
1							
2	（制約条件がない場合）	↓ 変数				↓ 目的関数	
3		商品単価	切片	傾き	販売個数	売上金額	
4		**150**	600	-2	300	**45000**	
5							

ソルバーによって最適な値「150」が算出されている！

ソルバーによって、売上金額の値が最大化されている！

━━ 制約条件がある場合の最適化を解く

もし制約条件がある場合は、それも加味する必要があります。今回は、**（商品単価を現行価格から変動しすぎると顧客体験が損なわれてしまう可能性を考慮して）商品単価はXXX円以上YYY円以下とする**」という制約条件を考えるという問題設定でした。

同じシートの「（制約条件がある場合）」の部分を参照してください。先ほどと同様の情報を記載していますが、下の部分に（変数の）下限・上限値なる項目を追加しています。今回求める商品単価は、この下限値以上・上限値以下になるように最適化したい、というイメージです。

今回はどういった値以上とすべきかという実務上の前提条件はないので、ひとまず50円以上・125円以下と決め打ちで設定しておきましょう。

■ 制約条件を加えた場合の前提情報 [図 3-3-10]

▲	H	I	J	K	L	M	N	O
1								
2		（制約条件がある場合）	↓ 変数				↓ 目的関数	
3			商品単価	切片	傾き	販売個数	売上金額	
4			0	600	-2	600	0	
5								
6			下限	上限				
7			50	125				
8								

商品単価に対して、制約条件としての
下限値と上限値を追加する

あとは、先ほどと同様にソルバーでパラメータを設定するだけですが、制約条件を加える必要があります。下記のように設定しましょう。

1　[目的セルの設定]：求めたいセルとして、「売上金額」（ExcelのセルN4）を絶対参照で指定します（[目標値] は「最大化」とする）❶。

2　[変数セルの変更]：変数である「商品単価」（ExcelのセルJ4）を絶対参照で指定します❷。

最初の演習なので [制約条件の対象] だけ少々詳しく補足しておきます。制約条件の [追加] ボタンをクリックします❸。すると、[制約条件の追加] ダイアログボックスが表示されるので、[セル参照] に、変数セルのセル範囲を設定します。変数セルは、今回は商品単価なので「$J$4」とします❹。続いて [制約条件] を設定します。今回は前ページの最後に設定した下限値の「50」（ExcelのセルJ7）が制約条件なので、「$J$7」とします❺。ここでは「商品単価 >= 下限値」という制約条件を追加したいので、[∨] ボタンをクリックして [>=] を選択します❻。ここまでできたら [OK] ボタンをクリックします❼。

■ 制約条件を設定する［図 3-3-11］

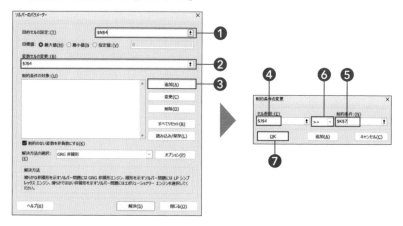

　この条件と同様に、「商品単価 <= 上限値」の制約条件も追加しましょう。再度［追加］ボタンを選択し、［セル参照］に商品単価（Excelのセル J4）、［制約条件］に上限値（セル K7）、［∨］ボタン部分を［<=］とします。ここで［OK］ボタンをクリックすると、下記のようなソルバーのパラメータとして設定できているはずです。

■ 制約条件がある場合の、ソルバーのパラメータ［図 3-3-12］

あとは、先ほどと同様に、

1 [解決方法の選択] で [GRG 非線形] が選択されていることを確認し
2 [解決] ボタンをクリックし、最適化を実行します。

　計算が終わった段階で、「ソルバーによって解が見つかりました。すべての制約条件と最適化条件を満たしています。」といったメッセージが表示されたことを確認し、[OK] ボタンをクリックします。

　すると、今回は最適解がもともと指定した上限値125と同じ数値になっていることがわかります。これは、本当はもう少し高い商品単価としたいのだけれど、「この上限値の単価よりは低い値にしてくれ」という制約条件が加わったため上限値125を最適解として返却する、という処理になっていることが見てとれます。

■ 制約条件を考慮した最適化のイメージ［図 3-3-13］

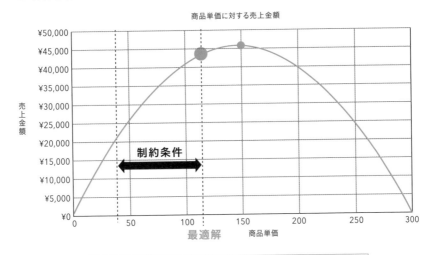

制約条件があれば、それも加味した最適解を算出する

これで本章での演習は終わりますが、最後に少しだけ補足をしておきましょう。何度か述べてきましたが、今回は**"数理最適化の理解を深めるための問題設定"**としているため、問題設定としてはかなり簡略化しています。したがって、もし実務レベルで考えると、以下のような点に留意していく必要があります。

まず大きな点は、（おそらく多くの場合）**商品単価と販売個数は、完全に線形（直線）ではないであろうという点**です。たとえば、商品単価が下がる場合に関して、（実務的にはそのようなことはあまり生じないことだと思いますが……）価格が0円に近づけば、おそらく消費者は通常以上に購入しやすくなるはずです。

■ 商品単価と販売個数が非線形になるイメージ [図 3-3-14]

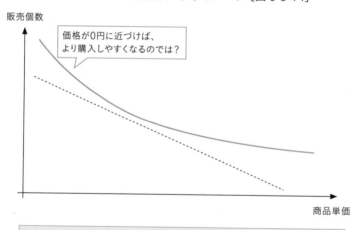

必ずしも直線ではなく、非線形の関係性を考慮する必要がある！

そのため、今回の分析のように直線の仮定をしてしまうと、実態に即さなくなる可能性があります。したがって、より正確にモデリングを行うためには「単価が下がりすぎると販売個数が加速度的に増えていく」といったようなことを念頭に置いた商品単価と販売個数の関係式を定義したうえで、最適化するという点も考慮に入れる必要があります。

また、それ以外に考慮すべき点もたくさんありそうです。たとえば、日本の消費者傾向を鑑みると、**商品単価自体を大きく変えにくい**雰囲気があります。特に日用品など消費者が普段から買うもので、価格に対して敏感になっている商品はその傾向が強いでしょう。そういった場合は、たとえば商品単価自体は据え置きとし、「値下げ」額を調整するといった施策に対して、最適化問題を適用することも考えられます。

　あるいは、生鮮系の商品であれば、**「廃棄」を考慮しないといけない**場合もあるでしょう。この場合、最適化の問題はかなり難易度が高くなります。**価格調整による売上最大化だけではなく、廃棄コストを最小化するという点を同時に考慮**した目的関数や最適化アルゴリズムの設計をしなければならないからです。詳細には触れませんが、イメージとしては廃棄が近づくにつれてそのときの在庫量を加味し、仮に廃棄になりそうなほど点数が残っていたら、商品単価を下げて消費者により多く買ってもらう、といった調整をする必要がありそうです。

　このように、実務で考慮すべきさまざまな点を踏まえながら、最適化の問題設定をすることが重要です。ただし、初手から難しくしすぎると解けなかったり導入しにくかったり、といった状態に陥ってしまう可能性が高くなります。**まずはスモールスタートとして、簡単な問題設定として考えつつ、状況に応じて徐々にさまざまな要件などを考慮に入れていく**、といったアプローチが実務的には望ましいでしょう。

　さて、次章以降では、そのほかの事例に関して取り上げていきましょう。

解析解と数値解

　ここまでの内容のおさらいになりますが、今回の問題設定では、1次関数や2次関数といった比較的簡単な数式により目的関数を定義しました。このように四則演算や数学の「微分」などの知識を用いて、数式の変形だけで解を求めることを**「解析的に解く」**といい、解析的に解ける最適解を**「解析解」**といいます。

　一方で、目的関数などの問題設定が複雑になってくると、解析的に解けないこともあります。解析的には解けない最適解は**「数値的に解く」**といい、数値的に解く最適解は**「数値解」**と呼ばれます。

　数式をいろいろといじりながら解ける解析解に比べて、そのように解けない数値解は、はたしてどのように解くのかが気になるかもしれませんが、（とてもシンプルに表現するのであれば）まさに"数値"計算によって解くことになります。現代ではコンピューターが普及しており、かつコンピューテーションパワーも非常に進化しているので、**コンピューター内の数値計算をゴリゴリと繰り返していくことで、最適解を探索する**ことになります。イメージとしては、

- 解析解は、紙とペンで解ける
- 数値解は、コンピューターを利用して解く

というのが、シンプルな理解としてはわかりやすいでしょう。

　ただし数理最適化の場合は、コンピューターを使ったとしても何も考えないで探索するだけでは一生計算が終わらない、というケースがよくあります。したがって、効率的にコンピューターに計算させるために、最適化アルゴリズムを細かく設計していく必要があります。本章でいえば、Excelのソルバーがそのアルゴリズム内部の設定をよしなにやってくれています。したがって、皆さんがアルゴリズム自体を気にする必要はそこまでありません。解析解と数値解というものがあるんだな、程度の理解で大丈夫です。

Chapter

4

広告予算配分を
最適化して、
広告効果を最大化しよう

　Chapter3では、商品価格を最適化することにより売上を最大化するというケースに取り組みましたが、最初ということもあり、比較的簡単に仕立てました。ここからは少しずつ考え方の幅を広げて深めていきます。Chapter4では、**広告媒体ごとの予算金額を最適化することで、広告効果の改善を試みる**、というケースを考えていきましょう。

■ 本書の全体像 [図 4-0-1]

Chapter1 数理最適化の導入	→	**Chapter2** 数理最適化における基礎知識

連続最適化

Chapter3 事例 1　商品価格の最適化
Chapter4 事例 2　広告媒体の予算配分の最適化
Chapter5 事例 3　金融資産の投資比率の最適化

組み合わせ最適化

Chapter6 事例 4　シフトスケジュールの最適化
Chapter7 事例 5　ルートの最適化

Chapter4でわかること

☑ 広告予算の最適化に関する問題設定

☑ MMM（Media Mix Modeling）の基礎理解

1

課題
発見

広告媒体ごとの費用対効果を最大化しよう

とあるサービスを運営している会社のケースを考えてみましょう。そこではサービスを認知させ、興味を持たせて、購入してもらえるように、広告を運用しています。これまでは広告を出稿して間もない段階であったため、特に細かなことを考えずともある程度の効果に満足していました。しかし時間の経過とともに効果が飽和し始めていると感じ、より**広告出稿の精度を上げたい**という課題が浮上してきました。

広告効果を改善するための打ち手はたくさんありますが、本書では数理最適化を活用して何か改善できないか？という観点で考えます。

このサービスでは、一般的によく知られている宣伝手法であるテレビCMを中心に広告を運用してきましたが、Web広告やチラシ広告、看板や街頭ポスターなどのOOH（Out-Of-Home：屋外）広告など、さまざまな媒体の広告も打ち始めています。そうなると、**各媒体にいくらの金額を出稿するかをしっかりと決めていく必要があります**。前述したように、これまではテレビCMを中心として、そのほかの媒体へはいくらか出稿するといった粒度の運用であり、そこまで精緻化はしていませんでした。

そのような背景があり、これまでの広告運用経験をもとに**各媒体への出稿金額を最適化して、いくら出稿するかを決定し、広告運用による売上効果を最大化できないか？**という課題解決を模索することに決まりました。

なお、本来であればサービスや商材の種類によって広告運用のアプローチや戦術も変わってきますが、それだと広告運用の専門知識なども前提に入れながら考えなくてはならず、少々本書のスコープから外れてしまいます。（もちろんそのようなことを考えることも非常に重要なのですが、）今回はあくまで、広告運用における出稿金額の決定方法を改善するために、どのように数理最適化の技術を活用するか？を学びたいため、サービスや商材の前提や、そのような専門知識（ドメイン知識ともいいます）は考慮に入れないでおきましょう。

■ 広告効果を最大化するように出稿金額を最適化したい［図 4-1-1］

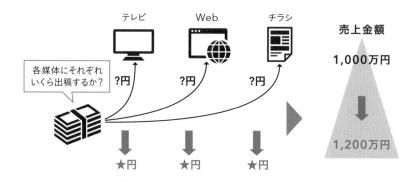

各媒体への出稿金額を最適化して、広告効果を最大化したい！

　また、このような各種媒体への出稿・支出が、サービスの売上にどのように影響を与えるのかを理解し、理論的・数学的なアプローチで広告出稿の成果を最大化していくトピックは**「Media Mix Modeling」**(MMM) という研究領域として確立しています。また「Marketing Mix Modeling」(MMM) という似た名前のトピックもあります。詳細はともかく、概ね同じようなことを指していると考えて差し支えないでしょう。あくまで1つの見解として参考にしてもらえればと思いますが、Marketingというと、さまざまなチャネル（販売販路）の最適化や、ブランドにおける商品やサービス群の設計など、考慮したい要素がいろいろと含まれている印象があります。今回は"媒体ごとの出稿"のみに着目するため、Media Mix Modelingとして考えていきましょう。

2 問題 設定 広告予算最適化を数理最適化の問題に落とし込む

広告予算最適化とは？

　改めて**「広告予算最適化」**について、そのコンセプトを整理しておきましょう。前提としたいのは、テレビCM(TVCM)、Web広告、チラシ、OOHといった複数の媒体に広告を出稿していることです。そして、媒体ごとにいくらかの費用を支出しているはずです。わかりやすい例として、次ページの［図4-2-1］のように各媒体に1,000円ずつ広告費用を支出しているとして、広告経由の売上効果が1億円あったとします（これらの数値はテキトウなのでご容赦ください）。このとき、売上効果のいちばん簡単な指標としては"売上金額"になりますが、事業構造などによっては、単に売上金額では計測できない場合もあります。たとえば広告経由での"問い合わせ数"といった、売上に影響を及ぼす間接的な指標を代理的に用いるといったパターンも考えられます。このあたりの設計は、広告予算最適化の問題を解く前にしっかりと考えておく必要があります。

　この状態から媒体ごとの広告出稿金額を変えることで、期待される（売上などの）ビジネス効果を最大化することが目標となります。そのために、**「どの媒体に金額を何円出稿すれば、売上効果が最大化されるか？」**という数理最適化アルゴリズムを解き、媒体ごとの最適出稿金額を求めます。次ページの［図4-2-1］のAfter部分がその金額です。

■ 広告予算の最適化問題とは [図 4-2-1]

媒体ごとの広告出稿金額を決定することで、
期待される（売上などの）ビジネス効果を最大化する

それでは、その広告予算の最適化問題において、どのようにして数理最適化の問題として定式化・モデル化して解いていけばよいかを、本Sectionの残りのパートで見ていきましょう。

広告予算と売上金額の関係を直線で定量化

さて前Sectionでは、広告予算最適化の概要を簡単に説明しました。ここからは、どのように最適化問題を定式化していくのがよいかを考えていきましょう。前提として、（本章だけに限りませんが）ここで紹介するアプローチは、あくまで1つの考え方に過ぎません。本章の広告予算の最適化でも、非常にさまざまなモデリングのアプローチがあり、研究分野としても盛んに議論されているくらいです。したがってここでは実務で現実的に活用できて、学習の最初のステップとして比較的取り組みやすい軸で、1つのアプローチを学んでいきましょう。

まずは、予算を投下し広告を出稿することで売上効果が見込めるので、**広告予算と売上効果の関係性を定量化できるとよいのでは？** と考えていきま

しょう。売上効果を何とするかは実務上難しい問題ですが、ここでは一番シンプルな形として"売上金額"としておきましょう。

　一般的に、多くの場合は広告を打てば打つほど売上効果は上がる（少なくとも下がることはない）のではないか？と考えられそうです。すると［図4-2-2］のように、**広告の出稿金額が上がれば上がるほど売上金額も増加し続ける**という、前章で学んだ1次関数＝直線のモデルを適用できそうですね。

■ 広告の出稿金額と売上金額は直線の関係？［図 4-2-2］

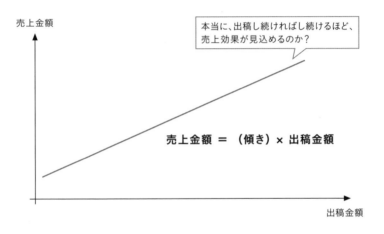

売上金額

本当に、出稿し続ければし続けるほど、
売上効果が見込めるのか？

売上金額 ＝ （傾き）× 出稿金額

出稿金額

　それでは、本当にこの直線によるモデルで大丈夫か少し発展的に考えてみましょう。今回は各広告媒体それぞれが、売上金額へ影響を及ぼしています。そのうえ、それぞれの媒体は性格が異なるため、たとえば次ページの［図4-2-3］のように、TVCMは売上効果への影響が強く、OOHは影響が弱い、といった可能性があります。するとこの状態では、いくら出稿金額をかけたとしても、**いちばん売上効果へ影響が強い＝傾きが大きい媒体に予算を100％投下すればよい**、と考えられてしまいます。

■ 直線によるモデルでは最適化問題をうまく解けない ［図4-2-3］

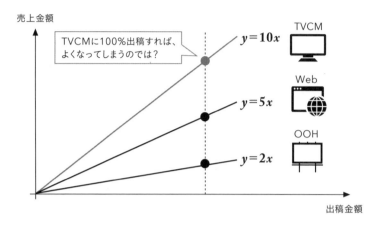

これでは、広告予算の最適化問題を解くまでもありません。もちろん、TVCMへ100%出稿することがベストである、という解が最適な可能性も考えられますが、複数の媒体へ出稿する効果を鑑みたいため、今回は複数媒体へ予算配分ができるようなアプローチを考えてみましょう。

━ 広告効果の飽和を表現する方法を考える

ここで、よくある1つのアプローチを考えてみます。それは、**広告効果が飽和する現象をモデルとして表現する**、というアプローチです。広告効果の飽和とはどういった現象でしょうか。ここは一般常識での感覚で考えます。仮に過去の広告量が少ない場合は、まだ広告による消費者へのリーチが行き届いていないか、もしくはすでに広告を見た消費者にとっても、比較的目新しい広告である＝新鮮さを感じることができるはずです。したがって広告を出稿すれば、その分それ相応の売上効果を見込めると考えられます。

一方で、過去に大量の広告を投下した場合はどうでしょう。その場合、すでに多くの消費者に広告が行き届いてしまっており、また消費者としても広告を見飽きており、広告の効果が薄れている可能性があります。

このように、（一般的な傾向として）広告は、**ある程度まで投下していくと、その効果が段々と薄れていってしまいます**。これが広告効果の飽和現象です。その様子を［図4-2-4］に示します。出稿金額が多くなると、徐々に効果が減り、売上金額の増加につながりにくくなっていることが曲線で表現されています。こうした曲線を「飽和曲線」と呼びます。

■ 広告効果が飽和していくイメージ［図 4-2-4］

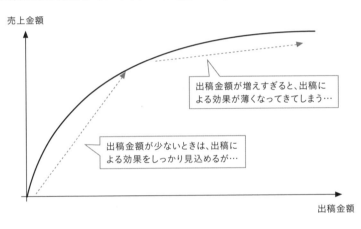

売上金額

出稿金額が増えすぎると、出稿による効果が薄くなってきてしまう…

出稿金額が少ないときは、出稿による効果をしっかり見込めるが…

出稿金額

先ほどの1次関数で表現したモデルでは、（当然ながら直線であるため）この飽和現象を表現できませんでした。一方で、もしこの飽和現象を表現できる曲線的な式（モデル）を利用できれば、先ほどの複数媒体における広告予算配分問題はどう考えられるでしょうか。わかりやすいように次図［4-2-5］のようなイメージで考えてみます。状況としては、過去に中心的に出稿してきたTVCMは出稿金額が相対的に高く、一方で新規の媒体であるWebやOOHは出稿金額が相対的に低かったとします。その中で、図のような飽和状況となっていたら、どう予算配分を改善できそうでしょうか。WebやOOHは出稿金額が少なく、広告効果が飽和するにはまだ余裕があるため、出稿量をより増やしていこう、と考えられるかもしれません。一方で、TVCMはすでに出稿金額が多く、広告効果が飽和しているので、少し出稿量を抑えようと考えられるでしょう。このように、**飽和を表現できるモデルであれば、より現実的に出稿量の配分を考えられそう**です。

■ 飽和曲線によって、予算配分を考えることができる [図4-2-5]

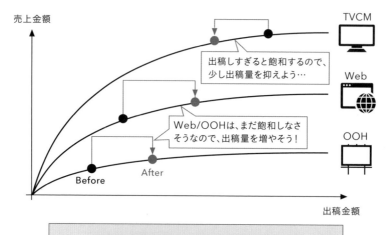

飽和を表現できるモデル表現にできれば、
より現実的に出稿量の配分を考えられる

対数線形モデルとは？

　少し数理最適化から逸れますが、飽和を表現できるモデルとは具体的にどういったものでしょうか？　数学的に表現できる関数系はさまざま存在するため、必ずこの関数・式であればよいというものは存在しませんが、よく使われるモデルを1つ簡単に紹介しましょう。先ほどまで取り上げてきた直線の1次関数は、統計解析や機械学習などの分野では**「線形回帰モデル」**とも呼ばれています。いちばん簡単な式は$y = x$となりますが、切片aと傾きbを用いることで、$y = a + bx$といった表現方法も持ちます。仮にデータが直線の傾向をなしている場合は、この線形回帰モデルはシンプルながらも強力なモデルとして効果を発揮します。

　一方で、前述したようにデータが飽和の傾向を持っている場合は、線形回帰モデルだとデータの傾向を表しきれません。その場合は**「対数線形モデル」**と呼ばれる、線形回帰モデルを少し発展させたようなモデルが候補として考えられます。対数線形モデルのいちばん簡単な表現としては、$y = log(x)$となり、対数を表す"log"を使用します。この式を少し複雑化す

ると、線形回帰モデルと同様に切片aと傾きbを用いれば、$y = a + b \times log$ (x)と表現することもできます。

　後ほどのExcelによる実践演習の際に、このlogを用いた対数線形モデルを、広告効果のモデル表現として実際に使用してみましょう。

■ 線形回帰モデルと対数線形モデル [図 4-2-6]

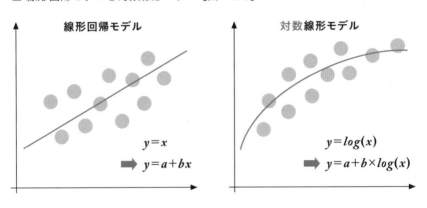

━━ 広告予算最適化問題を定式化する

　ここまでの情報をもとに広告予算の最適化問題を定式化し、Excelによる実践演習を進めていきましょう。まずは目的関数です。今回は、広告を打つことにより売上金額を最大化したいので、目的関数はシンプルに**売上金額の最大化**として考えていきます。出稿する広告媒体は、TVCM・OOH・Webの3つとしましょう。すると、この3媒体の広告により期待される売上金額は、下記のようになります。

目的関数

　合計期待売上金額 = TVCM経由の期待売上 + OOH経由の期待売上
+Web経由の期待売上

　次いで、各媒体経由の期待売上について考えてみます。前述したように、

今回は対数線形モデルなる式表現を用いて、売上効果を推定します。

各媒体経由の期待売上 ＝ a ＋ b × log（各媒体への出稿金額）

　aやbといった係数は過去のデータなどから事前に決めておく必要があります。ここではわかりやすさのためにひとまず暫定的な数字を仮定してしまいましょう。aの値はすべて0、bの値はTVCM、OOH、Webごとに100、50、30とすると ［図4-2-7］のようなイメージとなります。

■ 各媒体経由の期待売上を対数線形モデルで表現 ［図 4-2-7］

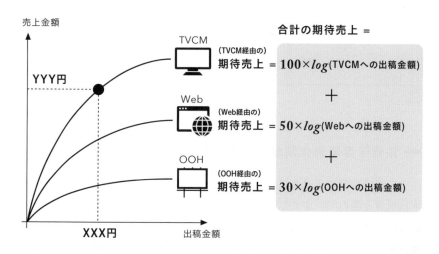

さて、ここで ［図4-2-7］を見て、1つ重要なことに気づいた方はいるでしょうか。各媒体経由の期待売上は、たしかに（対数線形モデルを用いることで）飽和するようなモデル表現ができました。しかし、いくら飽和していくとはいえ売上金額の最大化が目的関数となっているので、このまま最適化問題を解けば、各媒体に大量の広告金額を出稿すれば、期待売上は無限大まで伸びてしまいます。それはさすがに非現実的ですね。実務では、広告の出稿予算は最大500まで、といった制約があるはずです。

これはまさに制約条件に相当しますね。今回の事例では、下記のような制約条件となりそうです。

制約条件

　TVCMへの出稿金額 ＋ OOHへの出稿金額 ＋ Webへの出稿金額
　　　　　　≦ 最大出稿金額

　ここまでの情報をまとめて、今回の問題として定式化してみましょう。各媒体経由の期待売上における対数線形モデルの係数は前述のとおり、最大出稿金額を500とした場合、以下の定式になりそうです。

■ 今回解きたい最適化問題 [図 4-2-8]

┌ [定式化] ────────────────────────────┐

最適化対象の変数：各媒体（TVCM, OOH, Web）への出稿金額

（目的関数）
$Maximize$：合計期待売上金額
　　　　　＝ TVCM経由の期待売上＋OOH経由の期待売上
　　　　　　＋ WEB経由の期待売上
　　　　　＝ 100 × log(TVCMへの出稿金額) ＋
　　　　　　50 × log(Webへの出稿金額) ＋
　　　　　　30 × log(OOHへの出稿金額)

（制約条件）
$Subject\ to$：TVCMへの出稿金額＋OOHへの出稿金額＋Webへの出稿金額≦500

└─────────────────────────────────────┘

　さて、これで定式化ができました。あとは、実際にExcelを使って、この最適化問題を解き、各媒体への最適出稿金額を求めてみましょう！

⬇ FILE:chap4_media_mix_modeling.xlsx

3 | Excel 実践 | 広告媒体ごとの最適予算金額を求めよう

━ まずは、広告予算と売上金額の関係をモデリング

ここまで見てきたように、最適化問題をソルバーで解く前に、**媒体ごとの出稿金額に対して期待される売上金額の関係性をモデリング**する必要があります。前述したように、**広告効果が飽和するような対数線形モデル**により、両者の変数の関係性を記述します。

本来であれば、過去の出稿データをもとに、媒体ごとにどういった形状の対数線形モデルになっているかを考えないといけません。その場合、過去のデータから対数線形モデルの係数 (切片aや傾きb) を学習する必要があります。これらを理解するためには、教師あり学習・最小二乗誤差・重回帰分析といった機械学習や統計解析的な知識を押さえる必要があります。紙面や学習範囲の関係上、今回はすでに媒体ごとの対数線形モデルは推定済みの状態を仮定しましょう。

ダウンロードしたExcelファイル「chap4_media_mix_modeling.xlsx」の「【前提】対数線形モデルのパラメータ」シートを開いてください。セルB2からセルD8に、**媒体 (TVCM、OOH、Web) ごとの、対数線形モデルの係数である切片と傾き**を記載しています。これだけだとイメージがわかないと思うので、媒体ごとの出稿金額に対する期待売上金額を可視化します。

F列に、広告への投下金額を10刻みで10から500まで入力してあります。そして、各行に記載された投下金額ごとに下記の式を計算し、各広告媒体の期待売上金額を算出します。

各媒体経由の期待売上 ＝ 切片 a ＋ 傾き b × log(各媒体への出稿金額)

TVCM経由の期待売上をG列、OOHをH列、WebをI列として計算します。この結果をもとに「広告予算の投下金額 vs 期待される売上金額」のデータをプロットし、対数線形モデルを可視化できます。[図4-3-1]に、

Excelの情報にこれまでの流れを追加した全体像を示します。

■ パラメータの値から対数線形モデルを可視化 [図4-3-1]

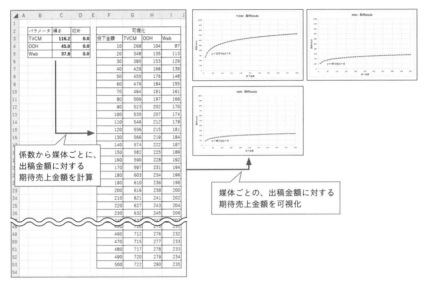

今回は、全3媒体の切片は0、TVCM、OOH、Webそれぞれで傾きは116.2、45.0、37.8となっています。したがって、可視化されたモデルを見ても、傾きが大きいTVCMは投下金額に対する期待売上は比較的高くなっており、傾きが小さいOOH、Webは低くなっています。つまり、**TVCMは、広告予算を投下すれば売上効果が期待されやすく、OOHやWebは期待されにくい**、といった傾向になっていそうです。

　一方で、すべての媒体に関して、しっかりと飽和曲線を表現できていそうです。これはすべて対数線形モデルの式に準じているからですね。したがって、必ずしもTVCMに100%の予算が投下されるわけではなく、広告効率のよい金額まではTVCMに中心的に投下しつつも、OOHやWebにもある程度予算が投下されるといった最適配分が期待できそうです。

ソルバーで媒体ごとの最適予算金額を求める

　これらの情報を前提として、広告予算の最適化問題を解いていきましょう。「予算配分の最適化」シートを開いてください。まずは、先ほど決めた対数線形モデルの傾きと切片の情報と投下予算金額の値から、期待売上金額を計算する流れを以下のような形で作っておきます（ExcelのセルB5からセルJ9に相当）。

■ 与えられたパラメータと予算金額から、期待売上を計算する [図 4-3-2]

	A	B	C	D	E	F	G	H	I	J	K
1											
2		1. 対数線形モデルの傾き・切片				2. 目的変数・制約条件を用意し、ソルバーにより最適化を実施					
3											
4						（最適解）			（最適解）		
5		パラメータ	傾き	切片		変数	投下予算金額		目的関数	期待SALES	
6		TVCM	116.2	0.0		TVCM	450.0		TVCM	709.89	
7		OOH	45.0	0.0		OOH	25.0		OOH	144.85	
8		Web	37.8	0.0		Web	25.0		Web	121.67	
9						TOTAL	500.0		TOTAL	976.42	
10											

$$sales = 切片 + 傾き \times log(投下予算金額)$$

　続いて、ここから変数、目的関数、制約条件を定義していきます。改めて、今回は以下のような定式化としていました。

- 変数：各媒体への投下予算金額
- 目的関数：全媒体の合計の期待売上
- 制約条件：合計投下予算金額 ≤ 総予算

　ここで、変数はそのままTVCM、OOH、Web（ExcelのセルG6〜G8）ごとの投下予算金額に相当します。そして、それぞれの投下金額から算出された「期待SALES」（セルJ6〜J8）の合計値を示す「TOTAL」（ExcelのセルJ9）が、目的関数に相当します。現段階では、投下予算金額が（TVCM, OOH, Web）＝（450, 25, 25）、合計の期待売上金額が976.42となっています。また、

各媒体への投下金額の合計である「投下予算金額」の「TOTAL」（Excelの
セルG9）は、「総予算」（ExcelのセルG12）以下となっている必要がありま
す。現段階では、どちらも500となっています。この後、最適化をした際に、
両数値を利用して制約条件に追加する必要があります。ここまでの全体像を、
[図4-3-3]に示しておきます。

■ 変数・目的関数・制約条件のためのデータを定義する［図4-3-3］

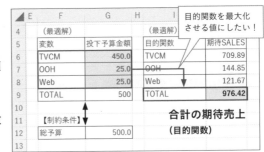

各媒体への投下金額
（変数）

合計投下予算金額 <= 総予算
（制約条件）

合計の期待売上
（目的関数）

> 合計の期待売上が最大化されるような、各媒体への出稿金額の値 = 最適解を求める！

　ここまでくれば、あとはソルバーに適切に情報を入力していけば大丈夫で
す。［データ］タブの一番右にある［ソルバー］をクリックし、下記の流れ
で、ソルバーの各パラメータを設定していきましょう。

1 「合計の期待売上」を目的関数とするために、［目的セルの設定］にセ
　ルJ9を絶対参照で指定します（［目標値］は「最大化」とする）❶。
2 次に、［変数セルの変更］に、変数である「各媒体への投下予算金額」
　に該当するセル範囲G6:G8を絶対参照で指定します❷。
3 全媒体の合計投下予算金額が総予算を下回る制約条件を追加するため
　に、［制約条件の対象］の［追加］ボタンをクリックし、ダイアログ
　ボックスを操作し、「$G$9 <= $G$12」とします❸。
4 ［解決方法の選択］で［GRG非線形］が選択されていることを確認し
　❹、

5 [解決] ボタンをクリックし、最適化を実行します❺。

　なお、制約条件に関しては、操作が少し複雑になるかもしれませんが、Chapter3で紹介した流れとまったく同様に設定できます。忘れてしまった場合はChapter3を見返しながら設定をしてみてください。

■ ソルバーのパラメータ設定 [図4-3-4]

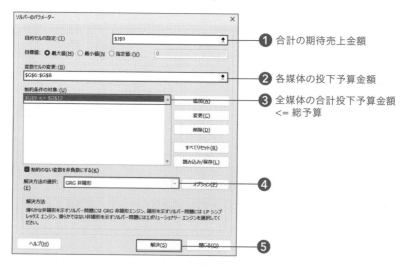

❶ 合計の期待売上金額
❷ 各媒体の投下予算金額
❸ 全媒体の合計投下予算金額 <= 総予算
❹
❺

　解決した結果、各種値がどう変化しているかを確認してみましょう。確認すべきポイントは、以下の3点ですね。

● 変数：各媒体への投下予算金額（$G$6:$G$8）が変わっているか？
● 目的関数：全媒体の合計の期待売上（$J$9）が最大化されているか？
● 制約条件：合計投下予算金額（$G$9）が総予算（$G$12）を下回っているか？

　[図4-3-5] に最適化後の結果を記載しますが、皆さんの結果と同じになっているでしょうか。
　まず変数の値ですが、最適化前の初期値であるTVCM = 450、OOH = 25、Web = 25（ExcelのセルF15〜J19）と比べて、TVCM = 292.0、OOH = 113.1、Web = 95.0と、**TVCMに偏っていた予算から変化し、よりOOH、Webに**

予算を配分しているような結果となっています。またこれら3媒体の予算金額の合計は約500と、総予算をしっかりと下回っており、制約条件を満たしていることがわかります。最後に、予算金額を変化させた際の目的関数の値、つまり合計の期待売上金額は1044.5と、初期値の976.4から改善しています！ 絶対値だとわかりにくいかもしれませんが、［図4-3-5］の最下部「SALES期待向上率」に、に、初期値から最適化後の値の変化率を示しており、その値は107%となっています。つまり、**最適化問題を解くことによって、広告予算配分を変化させ、期待される売上金額を7%向上できる可能性がある**、と考えられます。

■ 最適解を初期値と比較 ［図 4-3-5］

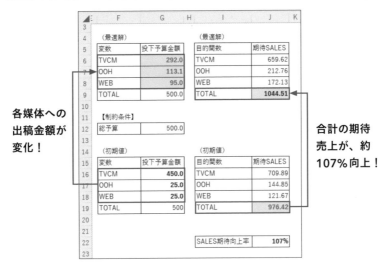

各媒体への
出稿金額が
変化！

合計の期待
売上が、約
107%向上！

　最後に、もう少しイメージを深めるために、最適化前後での、媒体ごとの広告の投下予算金額を可視化してみましょう。シート右側に、TVCM、OOH、Webそれぞれの、投下金額に対する期待売上を示す曲線を可視化しています（次ページの［図4-3-6］も参考にしてください）。その際に、最適化前の投下金額を、左側の図に ● で図示しています。加えて最適化後の投下金額を、右側の図に ● で図示しています（最適化前と最適化後の投下金額の値を参照してプロットに反映されるようにしています）。これらを見比べると、

- TVCMは、投下金額が減少しており、
- OOH、Webは、投下金額が増加している

という変化が可視化されていることがわかります。この可視化を解釈してみます。もともとの予算配分状態だとTVCMに多くの予算が投下されている一方で、OOH、Webへはあまり予算が投下されていないことから、**<u>TVCM一辺倒に予算を投資していて、そのほかの媒体からの売上効果を得られていない</u>**、という状態であったのではないかと推察されます。そこで、TVCMの予算金額の一部をOOH、Webへ配分し直すような形で予算配分を変えることで、<u>**TVCMのみならず、OOH、Webによる売上効果もしっかりと得ることで全体の期待される売上金額が改善された**</u>、と解釈できそうです。

■ 最適化前後での投下予算金額の可視化 [図 4-3-6]

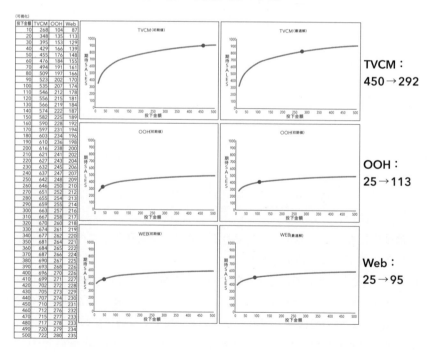

これで、広告予算を最適化できました。もちろん実務では、より詳細な考慮を行う必要がありますが、基本的かつ重要な部分は、しっかりと押さえられているはずです。

　最後に、実務で考慮すべき点を紹介しておきましょう。1つは、前述したように**売上効果としてどういった指標を定義するか？**です。今回はわかりやすさのために売上金額としましたが、ビジネスによっては明確に売上金額を定義しにくい場合もあります。たとえば広告経由でユーザーにサービス加入させた後に、すぐに何かを購入させるわけではなく、一定期間無料利用してもらいつつどこかのタイミングで有料課金させたりするようなケースもあるでしょう。このような場合、無料ユーザーはたしかに売上貢献はしていませんが、まったく登録していないユーザーに比べたら今後売上効果を上げる可能性があるため、広告によってユーザー登録させた価値はあるはずです。このようなときは売上金額ではなく"登録数"といった指標を最大化する問題設定にするのがよいかもしれません。このように、**ビジネスモデルに応じて適切に最大化指標を考え設定する**ことが重要です。

　これは、事業における **KPI**(Key Performance Indicator、**重要業績評価指標**) **設計**ともリンクしています。KPIの設計方法をどうすべきか？という点はほかの書籍に譲りますが、数理最適化における目的関数をどうするか？という点と関連するため、ここで簡単に触れておきます。

　今回の例で考えれば、最終的には売上金額という KGI(Key Goal Indicator) を最大化したいため、この指標を目的関数として設定したと考えられます。なお、KGIとは企業やサービス運営者が目指す最終的な定量目標指標のことを指し、そのKGIを改善するために、さまざまなKPIを設定します。しかし、前述したように売上金額を正確に目的関数の式として定義するのが難しい場合は、KGIに紐づくそのほかのKPIを目的関数として考える必要があります。その際の1つの候補は、**コンバージョン（Conversion）** 指標が挙げられます。コンバージョンとは直訳すると「転換」「変換」という意味があり、よく「CV」と省略されます。コンバージョンは、Webマーケティングにおいては、何かしらのアクションが成果に「転換」することと考えられます。たとえば対象とするサービスの"購入者数"といった指標は、目標としたいコンバージョン指標になりえます。その場合、購入者数を目的関数として定義

111

する必要があります。あるいは、コンバージョン数自体も適切に定義できない、あるいは最適化するのが難しい場合は、そのほかの指標を考えます。たとえば本来設置したいコンバージョン指標よりも手前の行動指標を**「マイクロコンバージョン」**といいますが（[図4-3-7]）、このマイクロコンバージョン数を目的関数として定義するアプローチも考えられます。たとえば、"購入"する前にサービスに"登録"する必要があれば、"登録者数"がマイクロコンバージョンの1候補になるし、それよりも手前の"問い合わせ数"や、Webサイトなどへの"クリック数"といった指標も考えられます。このように、どのような指標を最大化するか？を定義することは、意外と奥深く、数理最適化を解く前に、しっかりと考えておく必要があります。

■ KPI におけるコンバージョンの考え方 [図 4-3-7]

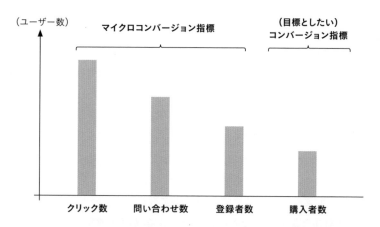

また、そもそもの広告投下金額に対する売上効果の推定自体も、非常に重要な問題になります。今回の事例でいえば、対数線形モデルで近似した部分に相当します。これは数理最適化そのものによって解ける問題ではありませんが、どういったモデルを用いて精度よく推定するかというのは非常に重要です。今回の広告予算の最適化といった事例の場合、**週ごとや月ごとの過去データを用いて推定するケースが多い**ですが、そうなると大量にデータ数があるわけではないので、モデルの推定の難易度は上がっていきます。した

がって統計解析などを使って、対数線形モデル以外のさまざまな選択肢も視野に入れて適切に推定していく必要があります。

　これ以外にも、広告の効果における**"残存効果"**の加味などが挙げられます。たとえばTVCMやWeb広告を皆さんが見た際に、そのまますぐに対象のサービスのサイトを見たり、サービスに登録したり、購入したり、とはならないこともあるでしょう。その場では行動に移さないが、しばらくした際に「やはりあのサービスに興味があるな」と感じて行動をする可能性もあります。これは、**広告効果がすぐに現れるのではなく、その効果が"持ち越される"現象**だと考えることができます。これを「広告の残存効果」、あるいは**「キャリーオーバー」**などといいます。

■ 残存効果（キャリーオーバー）のイメージ［図 4-3-8］

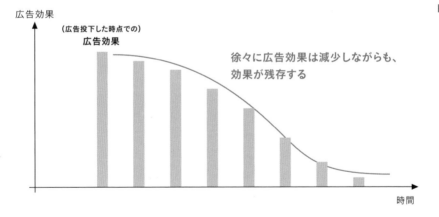

キャリーオーバーを加味できれば、必要以上に多くの広告を投下せずとも、残存分による効果を得られる可能性があります。したがって、そのような効果を、投下金額による売上効果の推定時と最適化の際にうまく加味することができれば、より精度の高い最適化ができるでしょう。

AI・機械学習と数理最適化の違い

　本書では主には取り扱いませんが、Chapter2で少し触れたように、デー
タ活用という文脈では、「AI」や「機械学習」といった言葉もよく聞くと思
います。AIや機械学習と、数理最適化の違いは何なのでしょうか。まずAI
に関しては、近年〝バズワード〟化してしまった背景もあり、人や会社に
よってその定義がかなりあやふやです（一般論としては、AIは数理最適化や機械学
習など諸々含めて知能を持ったコンピューター、といった定義となるでしょう）。そのうえ
で、ここでは機械学習と数理最適化の違いをしっかりと押さえておきましょ
う。この両者は（私の知る限りでは）比較的明確に定義として切り分けることが
でき、簡潔に述べるのであれば、下記のように捉えられます。

- 機械学習：過去のデータからルールやパターンを発見する（＝データから
  学習する）方法論
- 数理最適化：（制約条件を加味しながら）目的を最大化／最小化するような
  最もよい値＝解を求める方法論

　したがって、最も大きな違いの1つとしては、**データを必要とするかどう
か?** という点だと考えられます。機械学習はその定義通り、基本的にはデー
タを必要とし、過去のデータをもとに、どういった傾向・パターンがあるの
かをコンピューターが理解していきます。一方で、**数理最適化はデータを必
要としません**。本章の事例のように、数理最適化を適用する前に、広告投下
金額に対する売上効果を推定するためのデータが必要といった形で、数理最
適化を適用するために結果的にデータが必要なケースもあります。しかし数
理最適化を解く行為自体には、データは不要です。あくまで（現実世界の問
題をできるだけ正確に表すような）目的関数・変数・制約条件の設定さえできれば
OKなのです。したがって、これまでデータを蓄積していなかった場合にも、
数理最適化を有効にビジネスに導入できる、といった点は、大きなメリット
となるでしょう。

Chapter

5

投資金額を最適化して、
ポートフォリオのリスクを
最小化しよう

　Chapter3と4で取り上げた商品価格や広告予算配分では、連続変数を最適化していました。Chapter5でも連続最適化のケースとして、**投資したい銘柄の投資比率を最適化することで、投資収益の向上やリスクの最小化を試みる**、というケースを考えていきましょう。

■ 本書の全体像［図 5-0-1］

Chapter1
数理最適化の導入　→　**Chapter2**
数理最適化における基礎知識

連続最適化

Chapter3
事例 1　商品価格の最適化

Chapter4
事例 2　広告媒体の予算配分の最適化

Chapter5
事例 3　金融資産の投資比率の最適化

組み合わせ最適化

Chapter6
事例 4　シフトスケジュールの最適化

Chapter7
事例 5　ルートの最適化

Chapter5でわかること

☑ ポートフォリオ最適化（最適資産配分問題）に関する問題設定

☑ 平均や標準偏差といった統計量の理解、およびそれらのポートフォリオ最適化への適用方法

1

課題
発見

投資リスクを最小化し、収益を最大化しよう

━━ とある個人投資家の資産運用における課題を考えてみよう

今回は、より多くの人が活用できるケースを取り上げます。皆さんの中にも投資をしている方がいると思いますが、今回は株式投資をケースとして考えていきましょう。

ある個人投資家は、株式投資を通じて資産運用をしたいと考え、某国のいくつかの株式銘柄に対して投資しようとしています。そこで、**どの銘柄にいくらずつ投資をするか？**という問いに対して、定量的にアプローチしたいと考えています。

これは非常に難しい問題であり、本書で確実に儲かる手法を提示することは（おそらく）不可能です。さらにこの問題を真剣に解こうと思うと、各銘柄の決算書を含めた事業・組織状況や、マクロ経済・政治動向などの把握を通じて、非常にさまざまな要素を考慮していく必要があります。ここではあくまで、**数理最適化の技術を使って、この問題にアプローチできそうか？**という観点で、考えていきましょう。

（当然かもしれませんが）その個人投資家は、各銘柄への分散投資を通じて**投資収益を最大化**したいと考えていますが、投資にはリスクがつきものです。現段階では、ひとまず投資リスクを抑えたい、つまり**投資リスクを最小化**したいと考えています。ここでいう"リスク"に関しては、後ほどのSectionで見ていきましょう。ここまで学んだ皆さんであれば、ここで最大化や最小化といったワードにピンとくるかもしれません。そのとおりで、各銘柄への分散投資の際に、数理最適化の技術を用いて投資リスクの最小化や収益の最大化を試みたい、ということになります。

少し細かい話になりますが、重要なのはどの銘柄にいくら投資するかではなく、どのくらいの割合で分散投資するか？という点なのです。各銘柄への投資"比率"を最適化して、リスク最小化や収益最大化を狙う、と考えておきましょう。

■ 金融資産の投資比率を最適化する ［図 5-1-1］

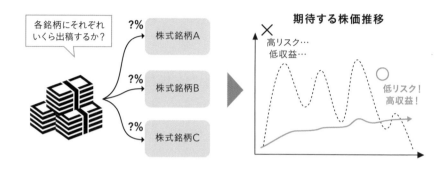

各銘柄への投資比率を最適化して、
投資リスクの最小化や収益の最大化をしたい！

　このような、リスクやリターンを考慮して最適な資産の組み合わせを見つける問題を、「最適資産配分問題」や「ポートフォリオ最適化問題」といいます。ポートフォリオとは「画集」「作品集」といった意味合いがあり、よくデザイナーなどが自分の作品を紹介するときにも使います。金融業界におけるポートフォリオとは、資産の組み合わせに相当します。今回は、ポートフォリオ最適化問題という言葉を用いて話を進めていきます。

　なお、本書はあくまで数理最適化の適用方法の一例として、投資銘柄における投資比率の最適化問題を取り上げているだけなので、投資・投機などの行動勧誘を目的とするものではない点にご留意ください。

　またこのあとのSectionで、どのような比率で投資すべきかといった話が出てきますが、こちらもあくまでポートフォリオ最適化問題を一般的な数理最適化アプローチで解いた場合の話をしているだけとなります。したがって、本書で記載されている解き方で資産運用した際の、資産運用のリスクやリターンの担保をしているものではない点にもご留意ください。その前提で、数理最適化をどのように資産運用に適用しうるのか？ということを、一緒に学んでいきましょう。

Section 2

問題設定

数理最適化の問題に落とし込む

■ ポートフォリオ最適化とは？

さて、ポートフォリオ最適化に関してもう少し整理しておきましょう。ポートフォリオ最適化とは、**自分の資金をどのタイプの資産にどのくらいの比率で投資するか？** という問題であると考えられます。ここでいう資産の"タイプ"とは、どのような粒度のタイプを指すのでしょうか。結論としては、どういった粒度でもOKです。いちばん粒度の粗いタイプとしては、国内株式・外国株式・国内債券・外国債券といったレベルになるでしょう。

■ ポートフォリオ最適化について［図 5-2-1］

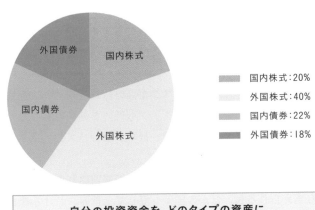

国内株式：20%
外国株式：40%
国内債券：22%
外国債券：18%

> 自分の投資資金を、どのタイプの資産に
> どのくらいの比率の投資をするか？

本書は株式投資の専門書ではないので詳細な説明は省きますが、多少リスクを冒してでも高いリターンを狙う場合は、株式への投資をメインに考えるはずです。一方で、そこまで高いリターンは望まない代わりにリスクはできるだけ抑えながら運用したいという場合は、債券をメインに投資をするはず

です（債券は償還まで保有していれば、基本的に元本保証され、利息が上乗せされて返金されるため）。

　また、一口に株式といえど、日本の株式かアメリカの株式かなどによっても違いがあるでしょう。日本の株式であれば、日経225やTOPIXといった（日本の主要株式の動向を捉えるような）インデックス（株式市場全体の動きを表す指標）がありますし、アメリカであればS&P500といったインデックスが存在します。これらに対して、どの資産にどのくらいの比率で分散投資するか？といったことを考える必要があります。つまり、リスクは無視で高いリターンしか狙わない！という場合は外国株式へ100％投資するというアプローチでもよいですが、リターンは高めに狙いたいが少しはリスクを抑えたいという場合は、株式に80％投資しつつ、債券にも20％は投資しておこう、という分散投資を考えていく必要があるでしょう。

━ 資産のタイプの粒度はさまざま

　株式・債券以外にもさまざまな粒度で定義できます。たとえば今回の事例のように、個別銘柄を資産のタイプとするケースもあります。個別銘柄というのは、日本であればトヨタ自動車・ソニーグループ……といった株式銘柄に相当します。個別銘柄の中にも、リスクが高いけれどリターンも見込めそうな銘柄があったり、リスクは低くリターンも低めな銘柄もあったりするので、そのような銘柄をうまく組み合わせ、自らが望むリスク・リターンになるような投資比率で分散投資できます。

　もちろん日本の個別銘柄ではなく、アメリカの個別銘柄などを投資対象とするケースも考えられるし、ほかの国々も混ぜて全世界における株式個別銘柄を投資対象にするという形も考えられるでしょう。

■ 資産のタイプはさまざまな定義（粒度）で考えられる［図 5-2-2］

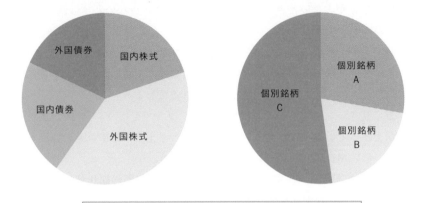

資産のタイプは、さまざまな定義（粒度）となりえる

リスクの最小化とリターンの最大化

　さて、ここまでポートフォリオ最適化における投資対象資産に関して説明してきました。次に重要な点は、**「どのように投資比率を決めるのか？」**です。これには、唯一の答えがあるわけではありません。金融工学などの分野ではさまざまなアプローチが研究されているはずですが、本書では非常に基礎的な考え方を紹介します。まず、おそらくどのようなアプローチであっても共通しているのは、**「リスクを最小化」**し**「リターンを最大化」**したい点でしょう。この "リスク" と "リターン" という概念をうまく定量化することで、このあとの最適化を解けるはずです。

　リスクとリターンのどちらも、基本的には "株価" の値動きから判断することになります。もちろん前述したように、マクロ経済や政治動向などさまざまな点を考慮しなければならないのですが、今回は話を簡単にするために、株価のみを焦点に当てて考えてみましょう。

　まずリスクに関してですが、実はリスクの定量化にはさまざまな考え方があります。この部分は後述しますが、基礎的な考え方としては、**「株価の揺れ動きが大きいと、リスクは高い」**というものです。株価が乱高下するとい

うことは、資産を安定的に運用しづらいことを意味します。したがって、株価の揺れ動きが大きいときは高リスク、揺れ動きが少ないときは低リスク、と考えることができます。

　余談ですが、株価の揺れ動きを**「ボラティリティ」**(Volatility)といいます。ボラティリティは価格変動の度合いを示す言葉として使われます。まさに株価の揺れ動きの大きさを示す言葉と考えられるでしょう。

　一方でリターンですが、これは比較的シンプルでしょう。**「株価が上がり収益が上がっていると、リターンは大きい」**と考えられます。逆に株価が上がっていない場合は、リターンは小さいでしょう。

　したがって［図5-2-3］における緑線のように、株価の揺れ動きが小さく＝安定的に推移しながら株価が上がっている状態が、リスクが低くリターンも大きいという理想的な状態と考えられるでしょう。一方で黒い点線のように、株価の揺れ動きが大きく株価も上がっていないような状態は、望ましくない状態であると考えられます。

■ リスクとリターンの基本的な考え方［図 5-2-3］

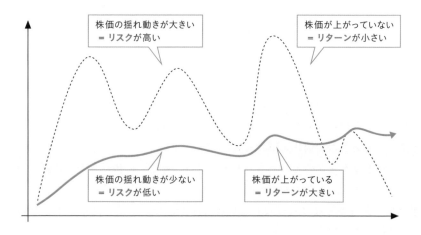

━━ リスクとリターンの定量化｜株価を収益率に変換する

ここからは「リスク」と「リターン」を定量化していきましょう。数理最適化そのものからは離れますが、最終的に数理最適化によってリスク最小化やリターン最大化の問題を解くために必要不可欠なプロセスとなるので、1つ1つ丁寧に紐解いていきましょう。

まずは事前準備として、リスクとリターンを計算するために**収益率**を算出しておきます。前提として、私たちに株価はわかっていることとします。通常の投資資産であれば、Web上で株価はわかるはずです。ただし株価は、銘柄・資産によって値の大小が異なります。1株数百円の銘柄もあれば、1株数万円の銘柄も存在します。したがって、値の大きさだけでは、その株の値動きを統一的に管理することは難しいでしょう。

そこで、株価の値そのものではなく、株価の値動き（変化の度合い）を数値化します。数値化の方法はいくつか存在しますが、わかりやすいのは**ある時点での株価とその1時点前の時点の株価を比較して計算する収益率**でしょう。式の定義は次ページの［図5-2-4］に記載の通り、**現時点での株価から1時点前の株価を引き、1時点前の株価で割る**ことで、収益率を計算できます。現時点の株価は、1時点前の株価と比べて、

- この収益率の値が正（プラス）であれば、上がっており、
- この収益率の値が負（マイナス）であれば、下がっており、
- この収益率の値が0であれば、変化していない

と考えられます。したがって、株価の値そのものではなくこの収益率を見ることで、複数の銘柄を平等に判断できます。

そのほかにも、株式の配当を加味した場合の詳細な定式化や対数（log）を使用した対数収益率など、さまざまな計算方法がありますが、今回はその詳細は割愛します。

■ 収益率の定義［図 5-2-4］

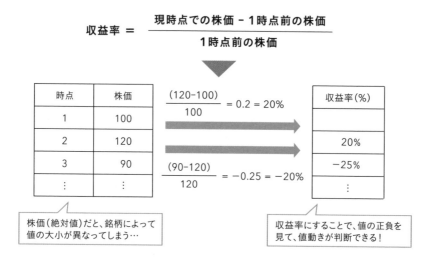

$$収益率 = \frac{現時点での株価 - 1時点前の株価}{1時点前の株価}$$

時点	株価
1	100
2	120
3	90
⋮	⋮

$$\frac{(120-100)}{100} = 0.2 = 20\%$$

$$\frac{(90-120)}{120} = -0.25 = -20\%$$

収益率(%)
20%
−25%
⋮

株価（絶対値）だと、銘柄によって値の大小が異なってしまう…

収益率にすることで、値の正負を見て、値動きが判断できる！

━ リスクとリターンの定量化｜収益率の分布を考える

　さて、先ほど定義できた収益率に関してもう少し深掘りして、この収益率の分布を考えてみます。つまりある銘柄に関して、その収益率がどのくらいよくなるのか？ どのような値の範囲に存在しているのか？ を見てみます。

　ある一定期間の収益率が計算できたら、その収益率の値の**度数分布＝ヒストグラム**を描画してみましょう。ヒストグラムというのは測定対象のデータに関して、それぞれの値の区間におけるデータの出現頻度（カウント数）を並べたものになります。言葉だけだとわかりにくいので、［図5-2-5］に例を図示しています。収益率のデータをもとに、値の区間を決めます。図では、10〜12％と、2％区間になっていますね。その区間の縦軸の値が20であれば、10〜12％の収益率のデータが20個存在するといった具合に解釈できます。したがって、ヒストグラムを描画することで、（収益率が）どの値の範囲に、どのくらいの個数が存在するのか？といったことがわかります。

■ 収益率のヒストグラム（度数分布）を描画する［図 5-2-5］

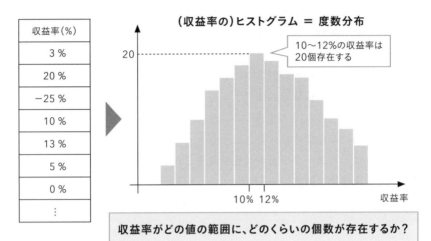

この収益率のヒストグラムの見方がわかると、どんなメリットがあるのでしょうか？ ここで、［図5-2-6］にある2つの銘柄の収益率のヒストグラムを見比べてみましょう。皆さんどのように思いますか？

■ 収益率のヒストグラムを比較する［図 5-2-6］

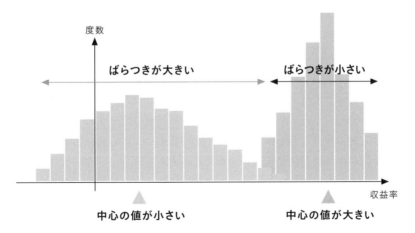

緑色の銘柄の収益率のヒストグラムは、分布の中心の位置が左側によっていますね。つまり、収益率が全体的に低めということです。また分布のばらつきも大きい（横に広くなっている）状態です。つまり、全体的に収益率の揺れ動きが大きそうです。

　一方で、グレーの銘柄の収益率のヒストグラムはどうでしょう。緑色と反対で、分布の中心の位置は右側によっている、つまり収益率が全体的に高めになっていそうです。また分布のばらつきは小さい（縦に伸びている）状態なので、全体的に収益率の揺れ動きは小さそうです。

　このように、**ヒストグラムの状態を見ることで、収益率のリスクやリターンの状態を定性的に確認**できそうです。しかし、このままでは文字通り"定性的"なので、この状態を定量化・指標化していきましょう。

▬ リスクとリターンの定量化│収益率の傾向を平均と分散で表す

　ヒストグラムで見た、「中心の値」「値のばらつき」というのは、**要約統計量**（あるいは単に**統計量**とも）と呼ばれる、**データの分布の特徴を定量的に記述する統計学上の値**として定量化できます。小難しく書いてしまいましたが、今回は平均と分散・標準偏差という統計量を用いていきます。これらの統計量をすでに知っている場合は、本節は読み飛ばしても大丈夫です。はじめて学習する方には少しハードルが高いかもしれませんが、できるだけ平易に説明するので、一緒に理解していきましょう。

　まずはデータの中心の位置を示すために「平均値」を導入しましょう。データの中心である平均値は、概ねこのくらいの収益率が期待されるという値なので、期待リターンに相当します。平均値は知っている人が多いと思いますが、［図5-2-7］のように定義されます。**平均値はデータの「重心」とも**いえます。統計学的な話をすると、平均値は極端に大きい値に影響されるとデータ全体の中で相対的に大きめの値になってしまうといったデメリットがあり、そのような影響を防ぐために中央値を活用することも多いです。ただ今回は、このあとで数理最適化を適用する際に、平均分散モデルと呼ばれる平均と分散（標準偏差）を用いた有名な最適化アプローチを使っていきたいので、本書では平均値の紹介に留めておきましょう。

■ 平均値とは［図 5-2-7］

$$平均値 = \frac{全データの合計値}{データ数}$$

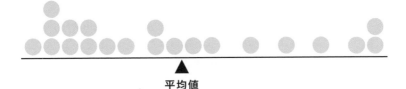

平均値

> 平均値はデータの「重心」であるとも考えられる

　平均値や中央値は、データの中心の (真ん中の) 値を調べるための統計量です。［図5-2-8］の2つのデータを見てください。どちらのデータも平均値は5となっており、見かけ上は同じ傾向を示していそうです。

■ 平均値が同じでもばらつきは異なる［図 5-2-8］

[0, 1, 2, 3, 4, 5, 6, 7, 8, 9, 10]

平均値が5

[−20, −15, −10, −5, 0, 5, 10, 15, 20, 25, 30]

> データ全体の傾向をつかむために、真ん中の値だけを調べるだけで十分なのか？

しかしデータを見ると上のパターンに比べて下のパターンは、相対的にデータがばらついていると感じたのではないかと思います。これではデータの傾向を平均値（もしくは中央値）だけでは捉えられないでしょう。データの傾向をつかむには**「データがどれくらいばらついているか？」**という問いも重要となります。

　そこでデータのばらつきを示すための統計量が必要となりますが、その1つが「分散」です。分散は、それによって得られた値を直接使うことはあまりありませんが、このあと紹介する「標準偏差」を計算するために必要な概念となります。**分散は、平均を中心にどのくらいデータがばらついているかを表す統計量**です。式の定義を説明すると、分散は各データと平均との差（偏差ともいいます）の2乗を合計してデータ数 N-1（データの総数から1を引いた数）で割ったもの、となります。

■ 分散とは［図 5-2-9］

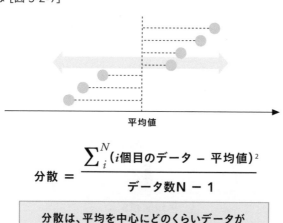

平均値

$$分散 = \frac{\sum_{i}^{N}(i個目のデータ - 平均値)^2}{データ数 N - 1}$$

分散は、平均を中心にどのくらいデータが
ばらついているかを表す統計量

　分散の値の解釈が難しいのは、定義式をよく見るとわかると思いますが、データ（正確にはデータ−平均値）を「2乗」しているためです。たとえば、身長（cm）の分散を計算すると、分散の値の単位は「cm」ではなく「cmの2乗（平方cm）」になってしまい、私たちが数値をうまく解釈できなくなってし

まうのです。

　これが先ほど触れた、分散で得られた値を直接的に使用する機会が少ない理由で、基本的には分散をもとにした標準偏差を使用します。標準偏差は、分散にルートをかけて単位を戻し、解釈できるようにします。

■ 標準偏差とは［図 5-2-10］

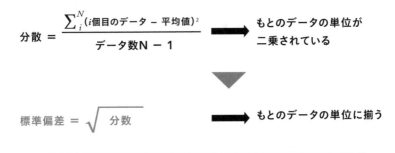

$$分散 = \frac{\sum_{i}^{N}(i個目のデータ - 平均値)^2}{データ数N - 1}$$
　　　　　　　　　　　　　　➡　もとのデータの単位が二乗されている

$$標準偏差 = \sqrt{分散}$$
　　　　　　　　　　　　　➡　もとのデータの単位に揃う

> ルート($\sqrt{\ }$)をとることで、もともとのデータの単位に揃える

━━ リスクとリターンの定量化｜2銘柄間のデータの傾向を示す「共分散」

　ここまでで、データの真ん中を調べる平均値、ばらつきを調べる分散・標準偏差を学びました。これでリスクとリターンをうまく定量化できそうですが、もう少し知識が必要です。

　ここまでの平均・分散・標準偏差といった統計量は、**ある1つの変数**（1列のデータ）**に対する傾向を示す統計量**でした。一方で今回のケースでは、複数の銘柄への投資比率を考えます。そうすると、ある銘柄とある銘柄がまったく逆の値動きをしていたら、2つの銘柄をうまく組み合わせることでリスクを相殺できます。それはつまり、**複数の変数の動きを捉える必要がある**ということです。この場合、2銘柄（2列のデータ）間のデータの傾向を示す何かしらの統計量が必要となります。先ほど紹介した"分散"と似た用語で2変数のデータの関係を示す「共分散」を用いましょう。

　共分散の式は少し複雑なので、まずは共分散のコンセプトを押さえましょ

う。[図5-2-11] を見てください。x 軸の値が大きいデータほど y 軸の値も大きい"右肩上がり"の散布図になっている場合は、共分散は大きくなります。この場合は、両データに**正の相関がある**、といいます。その逆で、x 軸の値が上がると y 軸の値は下がってしまう"右肩下がり"の散布図だと、共分散は小さくなります。この場合は、両データに**負の相関がある**といいます。そして、x 軸と y 軸にまったく右肩上がり、右肩下がりのような関係性がない場合、共分散は0に近づいていきます。

　共分散の値そのものは、－1から1までの間の値をとるといった絶対的な値の範囲などはないために、解釈することは難しいです。もし直接的に値を解釈したいときは、共分散を利用して、値を－1から＋1の間に定義し直した**「相関係数」**といった統計量を使うこともよくあります。相関係数は聞いたことがある方もいるのではないでしょうか。今回は紹介しませんが、共分散は相関係数のもとになっている統計量なので、似たような指標だと思っておけばよいでしょう。今回、数理最適化を解くうえでは共分散さえわかればよいので、共分散の紹介のみに留めておきます。

■ 共分散のイメージ [図 5-2-11]

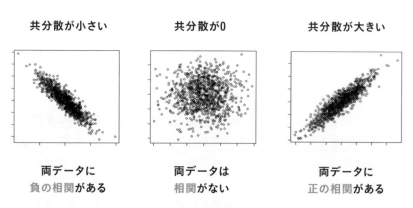

共分散が小さい	共分散が0	共分散が大きい
両データに 負の相関がある	両データは 相関がない	両データに 正の相関がある

　せっかくなので、共分散の式の定義も紹介しておきましょう。今回の数理最適化にはそこまで必要ない部分でもあるので、読み飛ばしても大丈夫です。

共分散の式は［図5-2-12］に示した通りです。2変数のデータを散布図でグラフ化した状態をイメージしてください。まず、x軸とy軸それぞれで平均値を記録しておきます（図ではx軸の平均値が5で、y軸の平均値が3ですね）。そのうえで各データ点に関して、xとyそれぞれで平均値から引いた値をかけます。最後にすべてのデータ点に関して、その値を足してデータ数N-1で割ったものが共分散です。

■ 共分散の定義① ［図 5-2-12］

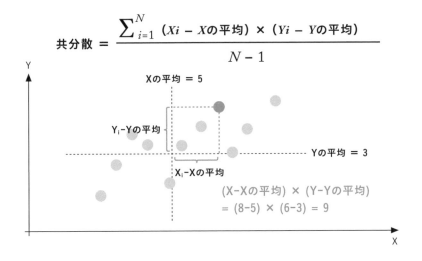

$$ 共分散 = \frac{\sum_{i=1}^{N} (Xi - Xの平均) \times (Yi - Yの平均)}{N - 1} $$

　つまり次ページの［図5-2-13］のように、x軸の平均値とy軸の平均値を軸として、右上と左下に存在するデータ点は正の値になります。そのため、共分散（や相関係数）は、以下のような値となります。

- 右上と左下に位置に存在するデータ点が多い状態は、共分散が正に大きくなる（相関係数も＋1に近づく）
- その逆もしかりで、右下と左上にデータ点が多く存在する状態は、共分散が負に大きくなる（相関係数も－1に近づく）

■ 共分散の定義② ［図 5-2-13］

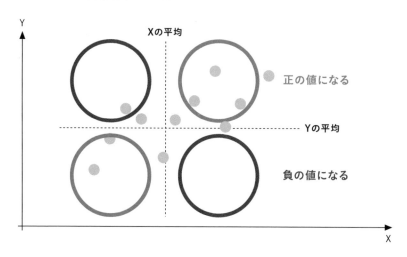

リスクとリターンの定量化｜リスクを表す、その他の指標

　ここまでで、データの真ん中を調べる平均値、ばらつきを調べる分散・標準偏差、そして2変数のデータの関係を示す共分散といった統計量を学びました。あとはこれらの指標を用いて、どのようにして数理最適化の定式化に落とし込むか？というこれまでのChapterで考えてきたことと同様のアプローチを踏んでいけばよいのですが、その前に、少しだけ余談を挟みたいと思います。

　それは、リスクを表す指標に関してです。今回はリスクを示す指標として分散を紹介し、このあとの最適化を解く際にも分散（そして共分散）を用いていきます。しかし、**分散のほかにもリスクを示すさまざまな指標**が存在します。それらの指標は、特に最適化と一緒に使いこなすのは少し発展的なアプローチになってしまいますが、せっかくなので簡単に紹介しておきます。

　まず、リスクは投資したい資産の収益率のばらつきとして考えることができました。資産運用においては、収益率の変動が大きいことは不確実性の高さを意味しているからです。しかし、もう少し踏み込んで考えてみましょう。分散はたしかにデータのばらつきを表す指標ですが、こと資産運用にお

いて、**収益率が高くぶれる分には、株価のリターンという観点ではよいのではないでしょうか？** もちろん、高くぶれるといっても収益率の変動を嫌う方にとっては、それはリスクと捉えられるかもしれません。しかし株価が上がるという意味においては、よいことだと考えることもできるでしょう。

■ 分散を用いるデメリットの一例 ［図 5-2-14］

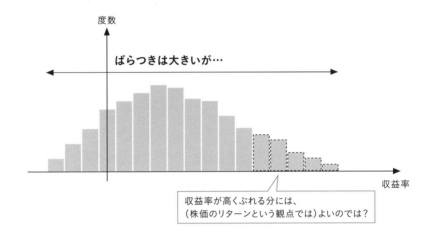

度数

ばらつきは大きいが…

収益率

収益率が高くぶれる分には、
（株価のリターンという観点では）よいのでは？

そこで、データのばらつきに関して、特に収益率が低くぶれるリスク（値が下側に変動するため**「下方リスク」**といいます）を定義する **「Value at Risk」**(VaR) といった指標が存在します。VaRは金融資産投資のみならず、経営のリスク分析にも用いられており、**資産の損失可能性を測定した指標**です。定義としてはそこまで難しくなく、次ページの ［図5-2-15］ のように収益率の値の分布において、下位X%に位置する値となります。このXは任意の値をとりますが、損失可能性を評価したいので、一般的には小さい値、たとえば1、5、10%といった値をとります。仮に X%=5% とするのであれば、これは統計的には5%**分位点**といいます。これによって、分散のように上方と下方の両方ではなく、下方のみのリスクに着目した指標として定義できます。

■ VaR（Value at Risk）の導入 [図 5-2-15]

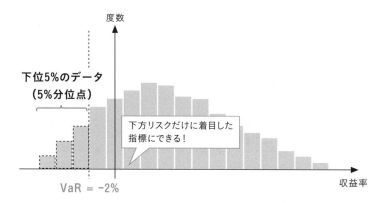

VaR（Value at Risk）のイメージ

VaRは、下位X%のデータのみに着目しますが、より下位の値もまんべんなく考慮に入れた **CVaR(Conditional Value at Risk)** といった指標も存在します。このようにリスクを表すためのさまざまな指標が存在し、その指標にもとづいたリスクを最小化するためのポートフォリオ最適化モデルが盛んに研究されています。

平均分散モデルの導入

これで、ようやく事前準備が整いました。少々遠回りしましたが、ここまで学んできたリターンやリスクを定量化するための統計量を活用して、**どのようにポートフォリオを最適化するのか?**という数理最適化の本命部分を学んでいきましょう。前述したように、この分野は金融工学といった領域で非常に研究が盛んであり、さまざまな最適化アプローチが存在します。そのすべてを網羅するのは不可能なので、本書ではいちばん基本的かつ（そのほかの最適化アプローチの前提としても考えられるため）重要な **「平均分散モデル」**（平均分散アプローチ）を紹介します。平均分散モデルを用いてどのように最適化がなされるのか?という結論部分のみを調べると少し難しく思えてしまうのですが、1つ1つのプロセスはシンプルなので、それぞれ丁寧に紐解いていきま

しょう。

　まず、「平均」「分散」モデルというくらいなので、この2つの統計量に着目します。先ほど学んだように、分散は正確には、単位を変えれば「標準偏差」として考えても差し支えなく、かつ**分散より標準偏差のほうが単位が（分散のように二乗されていないという点で）解釈しやすい**ので、ここでは平均と標準偏差の2つの統計量に着目しましょう。まずは資産（今回は株式銘柄）ごとに、平均と標準偏差の2指標を計算し、それらの値を［図5-2-16］のように、2次元空間にプロットします。

■平均と標準偏差の値をプロットする［図5-2-16］

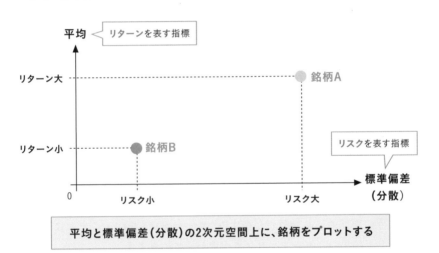

平均と標準偏差（分散）の2次元空間上に、銘柄をプロットする

　前述したとおり、平均は期待リターンを示した指標で、標準偏差（分散）はリスクを示した指標です。したがって、［図5-2-16］の例では以下のように解釈できます。

● 銘柄Aはリスク＝標準偏差は高いが、リターン＝平均も高い銘柄
● 銘柄Bはリスク＝標準偏差は低いが、リターン＝平均も低い銘柄

ここまでは各銘柄の平均・標準偏差を見ているだけなので、そこまで難しいことはしていません。ここからがポートフォリオの考え方となってきます。そもそも今回は、**どの銘柄にどのくらいの比率で分散投資するか？**という問いでした。したがって、実際には以下のような分散投資をすることになるはずです。

- 銘柄Aに100%・銘柄Bに0%投資する
- 銘柄Aに90%・銘柄Bに10%投資する
- …
- 銘柄Aに70%・銘柄Bに30%投資する
- …
- 銘柄Aに10%・銘柄Bに90%投資する
- 銘柄Aに0%・銘柄Bに100%投資する

　上記の状態を先ほどの平均・標準偏差（分散）の空間にプロットすると、次ページの［図5-2-17］のようになります。つまり、銘柄Aと銘柄Bの間あたりの位置に、分散投資したそれぞれの場合の平均・標準偏差（分散）の値がプロットされるというイメージです。銘柄Aに100%投資している状態が、リスクも高くリターンも高い状態ですが、そこに銘柄Bも投資することにより、（共分散があるため）少しリスクが低くなり（その分リターンも低く）なります。このように両銘柄に共分散が存在する（異なった値動きをする）ことにより、分散投資した結果のリターンやリスクが変わっていきます。

　実際にどのような結果になるのかは、銘柄Aと銘柄Bの平均・分散・両者の共分散といった値がわからないと計算できないので、具体的にはわかりません。それでも銘柄Aと銘柄Bの間のあたりにプロットされるというのはイメージがつくのではないでしょうか。銘柄Aより右上、銘柄Bより左下の位置にプロットされる、ということはありません（正確には、"空売り"といって、銘柄を所有せずに売却する行為を許せば可能なのですが、例外的なので、今回は考慮せずに考えていきましょう）。

■投資比率を変えた際の標準偏差・平均 [図5-2-17]

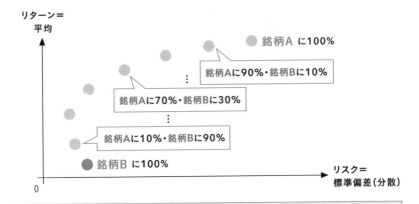

銘柄の投資比率を変えることで、その資産のプロットされる位置が変わる！

資産配分により「効率的フロンティア」を求める

　ここまでで、分散投資によって、つまり銘柄ごとの投資比率を変えることによって得られるリスク・リターンの値が変わりそうだとわかりました（実際にどのように変わるかは、後SectionのExcelによるハンズオン演習の部分で見てみましょう）。ここで上の［図5-2-17］を見てみましょう。この図表では投資比率を10％、20％……と粗く切っているため、分散投資時の点と点が離れています。しかしこの投資比率を細かく細かく刻めば、より点と点が細かくプロットされるはずです。そして最終的には、それはまるで1本の曲線のような形になるでしょう。

　それを表したのが次ページの［図5-2-18］の曲線です。実はこの曲線には**「効率的フロンティア」**という重要な名前がついています。この曲線は、**同じリスクだとすると最大のリターンが得られる、もしくは、同じリターンだとすると最小のリスクとなる、ポートフォリオの集合**であり、これこそが効率的フロンティアの定義です。

■分散投資により「効率的フロンティア」を得られる［図5-2-18］

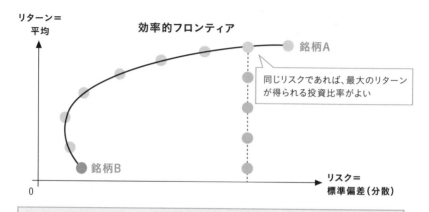

同じリスクで最大のリターンが得られる（または同じリターンで最小のリスクとなる）
ポートフォリオの集合 ＝ 効率的フロンティア

　逆にいえば、投資対象とする銘柄をA、Bの2つとした場合、この2銘柄の過去の株価から計算された**平均・標準偏差（分散）・共分散の値にもとづけば、この黒線の効率的フロンティアより左上側のリスク・リターンを得ることは理論上できない**ことを意味します。

　したがって、分散投資をするということは**「銘柄ごとの投資比率を変えることで、この効率的フロンティア上のどこかの点の平均・標準偏差の値を期待して、投資をする」**ということです。

　余談ですが、投資対象とする銘柄数を増やしたとしても、同様の理論が適用されます。今回は投資銘柄を2つにしていますが、もし3銘柄になるとどうなるでしょうか。仮に［図5-2-19］のように、銘柄Cを追加したとしましょう。すると、効率的フロンティアは銘柄Cを通るように変化していきます。今回は、より低リスクで高リターンが期待される銘柄Cが追加されたため、効率的フロンティアの曲線が少し左上に引っ張られたような格好となります。この場合、効率的フロンティア上の各点は、銘柄A、B、Cそれぞれに対して、（10％、30％、60％）といった投資比率で分散投資されている状態、と考えられます。

したがって、基本的には**銘柄数を変えても同様であり、対象銘柄における投資比率を変えることで、効率的フロンティアを描ける**、と考えられるでしょう。

■銘柄数を増やしたときの効率的フロンティアのイメージ［図5-2-19］

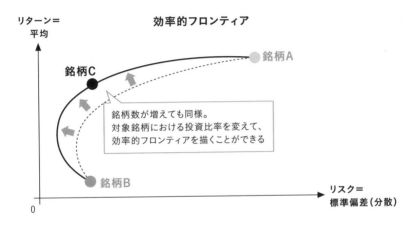

　なお、銘柄のリスク・リターンの値によっては、必ずしもすべての銘柄のリスク・リターンの点上を通るような効率的フロンティアにはならない点に注意しましょう。たとえば次ページの［図5-2-20］のように、銘柄A、Bと比較して、銘柄Cが右下に位置するようなケースは、銘柄Cは効率的フロンティア上を通る点にはならない、ということもあります。

　これは、銘柄Cは比較的リスクが高い割にリターンも高くないため、効率的フロンティアを明確に押し上げるような銘柄にはならないのが原因と考えられるでしょう。ただし銘柄Cが追加され、それが効率的フロンティアを通らないような銘柄だとしても、［図5-2-18］の2銘柄における効率的フロンティアと［図5-2-20］の3銘柄の効率的フロンティアは異なる曲線になっている可能性があります。その理由は、銘柄Cが追加されたことにより銘柄A、B、C間で共分散が発生するためです。わかりやすい例で考えると、銘柄Cは単体ではリスク・リターンの効率はよくないかもしれないが、銘柄A、Bとは異なる値動きをするとしましょう。そうなると、**銘柄Cに分散投**

資をしておくことで、銘柄A、Bが大きく下落してしまった際に、逆に銘柄Cが上昇すればポートフォリオ全体としては大きな下落を回避できる可能性があります。

　同じリターンでもより低リスクの投資ができる可能性があるので、銘柄Cを加えることで、効率的フロンティアが少し改善する（左上に押し上げられる）ということも考えられるわけです。

■すべての銘柄が効率的フロンティア上にあるとは限らない［図5-2-20］

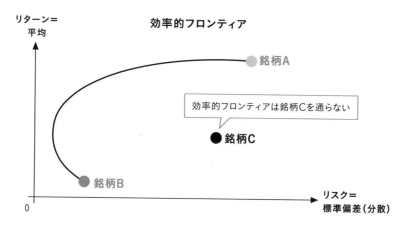

　このように、銘柄ごとのリスク・リターンの値だけでは、（銘柄間の共分散に依存する部分もあるため）効率的フロンティアの位置はパッとはわからないという点に注意しましょう。

— 最小リスク（最小分散）の資産配分とは？

　ここまでで、複数の銘柄に分散投資をすることで、単一の銘柄への投資だけでは得られないリスク・リターンを獲得しうる、つまり効率的フロンティア上のリスク・リターンになるように投資できる可能性があることがわかりました。ここからがいよいよ数理最適化における定式化の部分です。

現状は、効率的フロンティア上にあるどこかの点に対して、分散投資できるという状態です。次なる問いは、効率的フロンティアのどこの部分（点）を選択すればよいか？です。ここで、まずは（特にリターンに関しては、制約などはなく）**最小リスクとなるような資産配分**を考えてみましょう。

　これは実は簡単で、［図5-2-21］に示したような、効率的フロンティア上において、リスク指標である**標準偏差（分散）が最小**になる点です。この点におけるリスク・リターンが、分散投資を実施してポートフォリオを運用したときに期待される値になります。具体的にいえば、（効率的フロンティアの図からは直接的にはわかりませんが）効率的フロンティア上のもっとも左側の点におけるリスク＝標準偏差、リターン＝平均となるように、各銘柄への投資比率を決定し、その投資比率で分散投資をすることになります。このような標準偏差＝分散が最小となるような投資比率をとるポートフォリオを、その名前のとおり**「最小分散ポートフォリオ」**と呼びます。

■最小分散ポートフォリオ［図5-2-21］

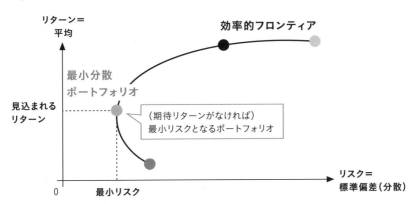

リスクの最小化問題を解いた場合、最小分散ポートフォリオになる

　これは、実はリスクの最小化問題を解いているにほかなりません。つまり最適化問題として定式化できるはずです。その定式化を、次ページの［図5-2-22］に示します。

まず**最適化対象の変数は、各銘柄への投資比率**となります。今回はシンプルに、2銘柄（銘柄Aと銘柄B）への投資としましょう。

　今回の**目的関数は、ポートフォリオの収益率の分散**です。リスクを最小化したいので、目的関数である、**ポートフォリオの収益率の分散を最小化 (Minimize) する**ことが目標となります。

■分散の最小化問題を定式化［図 5-2-22］

```
[定式化]

最適化対象の変数：各銘柄（銘柄A, 銘柄B）への投資比率

（目的関数）
Minimize：ポートフォリオの収益率の分散
         ＝ 銘柄Aへの投資比率 × 銘柄Aの分散
           ＋ 銘柄Bへの投資比率 × 銘柄Bの分散
           ＋ 銘柄Aへの投資比率 × 銘柄Bへの投資比率 × 銘柄AとBの共分散

（制約条件）
Subject to：銘柄Aへの投資比率 ＋ 銘柄Bへの投資比率 ＝ 1.0
```

　ポートフォリオの収益率の分散とは、どのように計算されるのでしょうか。結論は、［図5-2-22］の目的関数式部分で記述している通りです。この式の導出方法は、数学的な式展開を必要とし、本書の学習範囲から逸れてしまうのでここでは取り上げません。ひとまず、このような式になっているのだなという程度の理解で大丈夫です。

　ポイントとしては、1つは、**各銘柄への投資比率に各銘柄の分散をかけ合わせている**という点です。各銘柄の分散の加重平均ともいえます。それに加えて、**各銘柄への投資比率と各銘柄の共分散をかけた値**を加算している、という点です。これが、先ほどの効率的フロンティアの部分で述べたことに繋がります。つまり、ポートフォリオの収益率の分散は下記の要素によって決定されているということです。

- 各銘柄への投資比率
- 各銘柄の分散
- 銘柄間の共分散

　最後に、制約条件がありました。今回は、分散を最小化すればよいので、リターンなどに制約があるわけではありませんが、投資比率に関しては制約があります。"比率"というくらいなので、**すべての銘柄への投資比率の合計が1**になっている必要があります。これが制約条件として加わります。

　なお、仮に投資対象とする銘柄が3つ以上となった場合でも、基本的な最適化の定式化は同様です。その様子を［図5-2-23］に簡単に記載していますが、最適化対象の変数が2銘柄からN銘柄になるだけです。

■ 3つ以上の銘柄を投資対象とした場合［図5-2-23］

········[定式化]··

最適化対象の変数：各銘柄（銘柄A, 銘柄B, …, 銘柄Y, 銘柄Z）への投資比率

（目的関数）
$Minimize$：ポートフォリオの収益率の分散

　　　　　　＝ 銘柄Aへの投資比率 × 銘柄Aの分散
　　　　　　　＋ 銘柄Aへの投資比率 × 銘柄Bへの投資比率 × 銘柄AとBの共分散
　　　　　　　＋ 銘柄Aへの投資比率 × 銘柄Cへの投資比率 × 銘柄AとCの共分散
　　　　　　　＋ …
　　　　　　　＋ 銘柄Yへの投資比率 × 銘柄Zへの投資比率 × 銘柄YとZの共分散
　　　　　　　＋ 銘柄Zへの投資比率 × 銘柄Zの分散

（制約条件）
$Subject\ to$：銘柄Aへの投資比率 ＋ 銘柄Bへの投資比率 ＋ …
　　　　　　　＋ 銘柄Yへの投資比率 ＋ 銘柄Zへの投資比率 ＝ 1.0

··

　また、ポートフォリオの収益率の分散の計算式が少し複雑になりますが、対象とする全銘柄の投資比率や分散、銘柄間の共分散の値を用いて計算することになります。制約条件に関しても同様で、全銘柄への投資比率の合計が1になるような制約条件となります。

━━ 最低限の期待リターンを求める場合は？

ここまで、リスク、つまり分散（標準偏差）が最小となるような、最適化問題の定式化を学びました。この場合はリスクの部分にしか焦点を当てていないので、期待されるリターンは無視している状態です。資産運用のイメージとしては「自分の資産をリスクに晒すことなく、ただし、ただの貯金よりはリターンを得られるであろう」というスタイルに近いでしょう。

しかし、もしリターンに関しても目標がある場合は、最小分散ポートフォリオを発展させる必要がありそうです。ここで少し難しいのは、「リスクの最小化」と「リターンの最大化」を両立しながら考えないといけない点です。この問題に対するアプローチは、実はいろいろなパターンが考えられます。たとえば、以下のような考え方はどれも理にかなっていそうではないでしょうか。

- 目的関数の中に、リスクとリターンの両方の項目をうまく入れる
- リスクの許容値を設けて制約条件として加えて、その制約条件の上で、リターンを最大化する目的関数とする
- リターンの許容値を設けて制約条件として加えて、その制約条件の上で、リスクを最小化する目的関数とする

これらはどれも正しいアプローチになりえますし、研究論文を探せば、おそらくどれかしらの方法はとられているでしょう。本書では、先ほどの最小分散ポートフォリオをうまく活用した形を模索していきましょう。それは上記の3番目に相当するアプローチですが、**リターンに関する制約条件を設けて、その制約条件で、最小分散ポートフォリオの問題を解く**、というやり方です。そしてこのアプローチは比較的一般的なので、ここで取り上げる価値はあるでしょう。

イメージを［図5-2-24］に図示します。2銘柄への投資は変わらないとすると、同様の効率的フロンティアと考えられます。そこで、少なくともX％の期待リターンは得たい！という制約条件を設けます。これは図における横の点線部分に相当します。そして、期待リターンを満たしつつ、その中で

最小リスクのポートフォリオになるような投資比率を見つける必要があります
が、これは期待リターンの制約条件である横線と効率的フロンティアの交
差点の黒点部分になるでしょう。この黒点部分における**投資比率が、期待リ
ターンを満たしつつ、その中で最小リスクのポートフォリオ**である、と考え
られます。

■期待リターンを制約条件としてリスク最小化問題を解く［図 5-2-24］

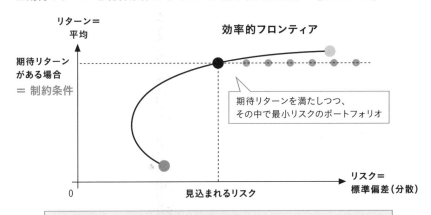

期待リターンを制約条件としたうえで、リスクの最小化問題を解く

　これとは逆の考えとして、リスクに制約条件を設けてリターンを最大化す
るというアプローチももちろん正しいでしょう。ただ、リスクである分散や
標準偏差に焦点を当てた際に、具体的に何％の値を制約条件におけばよい
のかは、少しイメージしにくいのではないでしょうか。一方で期待リター
ンは、何％のリターンを得ることを最低目標とするか？という指標なので、
比較的わかりやすいといえます。
　したがって、少なくとも期待リターンとしてはこのくらいの目標値を設定
しつつ、その中でリスクが最小化されるような分散投資をしよう、というア
プローチがとられやすいのです。
　そしてこのアプローチも、最適化問題に落とし込むことができます。［図
5-2-25］に定式化を記載しています。［図5-2-22］の最小分散ポートフォリ

オの最適化問題と概ね同様の定式化内容となっており、各銘柄への投資比率を対象変数とし、目的関数はポートフォリオの収益率の分散です。また各銘柄への投資比率の合計が1となるような制約条件も加えます。ここに期待リターンに関する制約、つまり**ポートフォリオの期待収益率が、目標収益率以上になるような制約条件**を加えます。

　ここでポートフォリオの期待収益率は、**銘柄ごとのリターンの平均に、投資比率をかけあわせた値**となります。

■期待リターンを制約条件としたリスク最小化問題［図5-2-25］

```
‥‥[定式化]‥‥‥‥‥‥‥‥‥‥‥‥‥‥‥‥‥‥‥‥‥‥‥‥‥‥‥‥‥‥‥‥‥

最適化対象の変数：各銘柄（銘柄A, 銘柄B）への投資比率

（目的関数）
Minimize ：ポートフォリオの収益率の分散
            ＝ 銘柄Aへの投資比率 × 銘柄Aの分散
              ＋ 銘柄Bへの投資比率 × 銘柄Bの分散
              ＋ 銘柄Aへの投資比率 × 銘柄Bへの投資比率 × 銘柄AとBの共分散

（制約条件）
Subject to ：銘柄Aへの投資比率 ＋ 銘柄Bへの投資比率 ＝ 1.0
            ポートフォリオの期待収益率 ≧ 目標収益率
‥‥‥‥‥‥‥‥‥‥‥‥‥‥‥‥‥‥‥‥‥‥‥‥‥‥‥‥‥‥‥‥‥‥‥‥‥‥
```

　これで、リターンに関して目標収益率を担保しつつ、リスクを最小化するようなポートフォリオを組むことができそうです。

　ここまで少々長かったですが、問題設定の座学としては以上です。ここからはこれまで同様、Excelを用いてハンズオン形式でポートフォリオの最適化を実際に解いていき、より理解を深めていきましょう。

⤓ FILE:chap5_stock_portfolio.xlsx

3 投資銘柄ごとの最適配分比率を求めよう

━ 株価データを定義しよう

　本Sectionでは、これまで同様にExcelによるハンズオン形式で、ポートフォリオの最適化問題を解いていきましょう。今回は、先ほど紹介したリスクの最小化と、期待リターンを制約条件とした場合の2つの最適化問題を解いていきます。その事前準備として、株価のデータから最適化問題を解くために必要な統計量の算出をしてしまいましょう。

　今回はいちばん簡単な例を通じて、しっかりと理解を深めていきます。そのため投資対象とする銘柄を2つとしましょう。これまで述べているように、3銘柄以上を投資対象とする場合も、基本的にアプローチは変わりません。まずは2銘柄における最適化が理解できればよいです。ダウンロードしたExcelファイル「chap5_stock_portfolio.xlsx」を開いてください。「A社」と「B社」それぞれの銘柄の株価データを定義しています。

■株価のデータを定義する [図 5-3-1]

<株価>

日付	A社	B社
Week1	100.0	100.0
Week2	108.1	101.2
Week3	116.8	102.4
Week4	120.4	104.0
Week5	122.5	100.9
Week6	134.5	102.8
Week7	133.9	107.4
Week8	130.6	103.3
Week9	129.1	101.8
Week10	148.9	104.5
Week11	145.5	103.0
Week12	146.4	102.3
Week13	159.9	97.6
Week14	174.8	99.1
Week15	176.1	102.7
Week16	174.2	100.9
Week17	185.7	104.3
Week18	189.8	104.6

株価を可視化

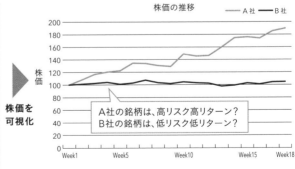

A社の銘柄は、高リスク高リターン？
B社の銘柄は、低リスク低リターン？

また、データの期間としては週次 (Weekly) の株価で18週間分を取り上げることとしましょう。なお、本データは今回の演習のために既存の株式市場のデータにもとづいて、筆者が作成したダミーデータです。

　そしてこれらの株価データを、わかりやすいように折れ線グラフで可視化しています。このグラフを見ると、以下のような傾向があるのではないか？と考察できます。

- 緑色のＡ社の銘柄は、データのばらつきが大きいが、収益率が高そう
  →つまり、高リスク高リターン？
- 黒色のＢ社の銘柄は、データのばらつきが小さいが、収益率が低そう
  →つまり、低リスク低リターン？

この株価データを用いて、最適化問題を解いていきましょう。

▬ 株価から収益率を計算する

　まずは、株価から収益率の値を計算しましょう。復習になりますが、株価から収益率を計算するための式は以下のように定義できました。

$$収益率 = \frac{（現時点での株価 － 1時点前の株価）}{1時点前の株価}$$

　Week0(0時点目) のデータについては1時点前の株価が存在しないので、Week1からWeek18の株価データに関して収益率を計算します。たとえばＡ社のWeek3の収益率の計算は、［図5-3-2］のようにWeek3のＡ社の株価 (116.8) からWeek2のＡ社の株価 (108.1) を引いて、Week2のＡ社の株価 (108.1) で割れば求められます。具体的には、Week3のＡ社の収益率は、8.08％となっています。これをすべてのWeekで、そしてＡ社とＢ社それぞれで計算することで、収益率を求められます。

■株価から収益率を計算する ［図5-3-2］

A	B	C	D
1	<株価>		
2	日付	A社	B社
3	Week1	100.0	100.0
4	Week2	108.1	101.2
5	Week3	116.8	102.4
6	Week4	120.4	104.0
7	Week5	122.5	100.9
8	Week6	134.5	102.8
9	Week7	133.9	107.4
10	Week8	130.6	103.3
11	Week9	129.1	101.8
12	Week10	148.9	104.5
13	Week11	145.5	103.0
14	Week12	146.4	102.3
15	Week13	159.9	97.6
16	Week14	174.8	99.1
17	Week15	176.1	102.7
18	Week16	174.2	100.9
19	Week17	185.7	104.3
20	Week18	189.8	104.6
21			

$$\frac{(116.8 - 108.1)}{108.1} = 8.08\%$$

株価から収益率を計算

A	B	C	D
22	<収益率>		
23	日付	A社	B社
24	Week2	8.11%	1.16%
25	Week3	8.08%	1.26%
26	Week4	3.02%	1.56%
27	Week5	1.73%	-2.99%
28	Week6	9.85%	1.89%
29	Week7	-0.46%	4.42%
30	Week8	-2.48%	-3.82%
31	Week9	-1.11%	-1.47%
32	Week10	15.30%	2.66%
33	Week11	-2.23%	-1.41%
34	Week12	0.57%	-0.66%
35	Week13	9.23%	-4.56%
36	Week14	9.36%	1.51%
37	Week15	0.71%	3.58%
38	Week16	-1.06%	-1.75%
39	Week17	6.56%	3.36%
40	Week18	2.24%	0.31%
41			

平均収益率と分散共分散行列を計算する

先ほど得られた収益率のデータは、いわゆる生データ状態なので、ここから**収益率の傾向を示す要約統計量**を計算します。収益率データ（A社はExcelのセルC24～セルC40、B社はセルD24～セルD40）をもとに、関数を利用します。まず収益率の平均値は、AVERAGE関数を利用し、下記のようにそれぞれの銘柄ごとに算出できます。

- A社の収益率の平均 = AVERAGE(C24:C40)
- B社の収益率の平均 = AVERAGE(D24:D40)

一方で分散・共分散に関してですが、**分散共分散行列**と呼ばれる行列として表現させてみましょう。まずA、B社の収益率の分散に関しては、VAR.S関数を利用して計算できます。VARは分散を示すVarianceの頭文字です。似たような関数として"VAR.P"という関数も存在し、両者には微妙な違いがありますが、本書ではその詳細は省略します。どちらを用いても最適化

に大きな違いは出ませんが、正確を期するためには、今回のようにVAR.S
関数を用いたほうがよいです。

- A社の収益率の分散 = VAR.S(C24:C40)
- B社の収益率の分散 = VAR.S (D24:D40)

　最後に、共分散はCOVARIANCE.S関数で求められます。Covarianceは
共分散を意味します。共分散は、その定義どおり2データの関係性を示す指
標なので、2つのデータを引数にとり、以下のように計算できます。

- A、B社の収益率の共分散 = COVARIANCE.S(C24:C40, D24:D40)

■平均収益率と分散共分散行列を計算する［図 5-3-3］

	A	B	C	D
22		<収益率>		
23		日付	A社	B社
24		Week2	8.11%	1.16%
25		Week3	8.08%	1.26%
26		Week4	3.02%	1.56%
27		Week5	1.73%	-2.99%
28		Week6	9.85%	1.89%
29		Week7	-0.46%	4.42%
30		Week8	-2.48%	-3.82%
31		Week9	-1.11%	-1.47%
32		Week10	15.30%	2.66%
33		Week11	-2.23%	-1.41%
34		Week12	0.57%	-0.66%
35		Week13	9.23%	-4.56%
36		Week14	9.36%	1.51%
37		Week15	0.71%	3.58%
38		Week16	-1.06%	-1.75%
39		Week17	6.56%	3.36%
40		Week18	2.24%	0.31%
41				
42		平均収益率	3.97%	0.30%
43		分散共分散行列	0.28%	0.04%
44			0.04%	0.07%
45				

関数を利用して、平均・標準偏差・共分散を計算

A社の収益率の平均 = AVERAGE(C24:C40)	B社の収益率の平均 = AVERAGE(D24:D40)
A社の収益率の分散 = VAR.S(C24:C40)	A社とB社の収益率の共分散 = COVARIANCE.S (C24:C40, D24:D40)
A社とB社の収益率の共分散 = COVARIANCE.S (C24:C40, D24:D40)	B社の収益率の分散 = VAR.S(D24:D40)

　最終的に［図5-3-3］のように、A社、B社の収益率の平均をセルC42とセ
ルD42へ、収益率の分散をセルC43とセルD44へ、収益率の共分散をセル
C44（あるいはセルD43）へ記載します。複数のデータの分散や共分散を行列形
式に対応させているので、分散共分散行列と呼びます。

━━ リスクを最小化するような、最適投資比率を求める

　ここまで得た情報をもとに、数理最適化を実施していきましょう。まずは
リスクを最小化するような最適投資比率を求めていきましょう。すなわち、
最小分散ポートフォリオを得たい、ということになります。セルF23〜I29
あたりに必要な情報を記載しています。

■最適化のために必要なデータを定義［図5-3-4］

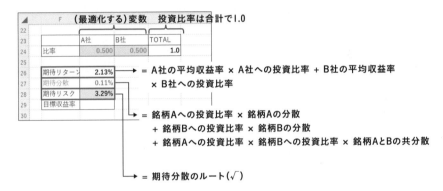

　セルG24とセルH24には、**今回最適化したい変数であるA社とB社の投資
比率**が入ります。暫定的に、初期値としてそれぞれ0.5としてありますが、
最適化したあとにこの値がどう変化するかが重要となります。

　セルI24には、両セルを加算した合計投資比率（TOTAL）を追加していま
す。これは、**全投資比率を合計したときに1になるような制約条件**を設定す
るために使用しましょう。

　セルG26は、2銘柄にセルG24とセルH24の投資比率で分散投資した場合
の期待リターン（平均収益率）です。［図5-3-4］のように、**各銘柄の平均収益
率に投資比率をかけ合わせた値**となるように計算します。

　セルG27は、ポートフォリオの分散となります。各銘柄の分散・投資比
率、2銘柄間の共分散の値を用いて、［図5-3-4］のように計算し求めること
ができます。この分散の値のままでもよいですが、分散にルート（平方根）を

とった標準偏差もセルG28に計算しています。この**ポートフォリオの収益率の標準偏差の値を、最適化によって最小化する**ことを目指します。

　実際にExcelのソルバー機能を使ってみましょう。ソルバーを開き、次のように設定します。

1　「ポートフォリオの収益率の標準偏差」を目的関数とするために、[目的セルの設定]にセルG28を絶対参照で指定します（[目標値]は[最小値]とする）❶。

2　次に、[変数セルの変更]に、変数である「各媒体への投資比率」に該当するセル範囲G24:H24を絶対参照で指定します❷。

3　全投資比率の合計が1になるような制約条件を追加するために、[制約条件の対象]の[追加]ボタンをクリックし、ダイアログボックスを操作し、「$I$24 = 1」とします❸。

4　[解決方法の選択]で[GRG非線形]が選択されていることを確認し❹、

5　[解決]ボタンをクリックし、最適化を実行します❺

■ Excel ソルバーによって最適化する［図 5-3-5］

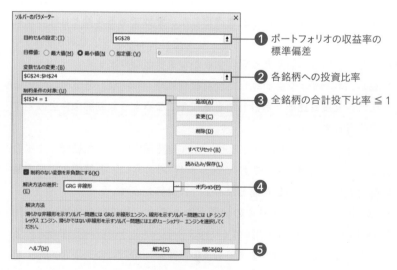

❶ ポートフォリオの収益率の標準偏差

❷ 各銘柄への投資比率

❸ 全銘柄の合計投下比率 ≦ 1

❹

❺

これで、目的関数・変数の値を確認し、最適化されたかどうかを確認します。［図5-3-6］に最適化後の結果を図示します。まず最適化対象の変数を確認すると、**A社、B社の投資比率が変化し、(0.103, 0.897)に変化**していることがわかります！ これは、当初の(0.5, 0.5)の半々の投資比率から、B社に多くの投資比率を集中させるような形になっています。これは、［図5-3-3］にあるように、A社の分散が0.28％に対して、B社の分散が0.07％と、B社のほうがリスクが小さいため、よりB社に集中投資されていると考えることができるでしょう。また、これらの投資比率は合計して1.0になっているので、投資比率の合計が1という制約条件は守られています。

また、期待リスクつまりポートフォリオの収益率の標準偏差を見ると、2.60％となっています。後ほど効率的フロンティアを確認するとわかりますが、ポートフォリオの投資比率の候補の中では、最小な値となっています。

■最適化の結果を確認する［図5-3-6］

投資比率が変化し… **（投資比率の合計は1）**

	A社	B社	TOTAL
比率	0.103	0.897	1.0

期待リターン	0.68%
期待分散	0.07%
期待リスク	2.60%
目標収益率	

ポートフォリオのリスク ＝ 標準偏差が最小化された！

これで、最小分散ポートフォリオを得ることができました！ 面白いのは、B社の銘柄のほうがリスクが低い＝分散・標準偏差の値が小さいにも関わらず、B社に100％投資するのではなく、A社にも一定比率の投資がされているということです。これが分散投資のミソで、**投資を分散させることで、まさにリスクを"分散"させ、結果的にポートフォリオ全体のリスクを低下させることができる**ということです。イメージとしては、仮にB社に100％投資をしていると、B社の株価が大きく下落した際に、その下落に完全に引きずられてしまいます。一方で、A社とB社の株価は完全には相関していま

せん。したがってB社が下落した場合でも、A社も同様に下落するわけではないということです。つまり、B社が下落した際にA社はそこまで下落しない、という現象が起こりえるので、分散投資したポートフォリオの合計の下落幅を抑えることができ、リスクを低減させられる、というわけです。ここで、（B社へ100%投資ではないのであれば）どの程度の投資比率で分散させればよいのか？というのはパッとわかるものではないので、このように最適化をする価値があるといえます。

━━ 目標収益率を制約として追加し、最適投資比率を求める

　次は、**一定の目標収益率を超えるようなリスク最小化問題**を解いていきましょう。リターン最大化＆リスク最小化を同時に達成するアプローチはいくつかありますが、今回は目標収益率以上という制約条件を付与したうえで、収益率の標準偏差（分散）を最小化するアプローチとすると前述しました。

　そのために、セルK23からセルN29に、必要な情報を記載しましょう。先ほどと似た情報ですが、セルL29に**目標収益率を追加**しています。今回は特に明確な目標数値があるわけではないありませんが、とりあえず2.5%以上のリターンを目指してみましょう。

■制約条件に目的収益率を追加する［図 5-3-7］

	F	G	H	I
22				
23		A社	B社	TOTAL
24	比率	0.103	0.897	1.0
25				
26	期待リターン	0.68%		
27	期待分散	0.07%		
28	期待リスク	2.60%		
29	目標収益率			
30				

	K	L	M	N
22				
23		A社	B社	TOTAL
24	比率	0.500	0.500	1.0
25				
26	期待リターン	2.13%		
27	期待分散	0.11%		
28	期待リスク	3.29%		
29	目標収益率	2.50%		
30				

目標収益率を追加

　そして、ソルバーでパラメータを入力します。こちらもほぼ同様ですが、ポートフォリオの収益率の期待リターン（平均値）が、目標収益率以上となるような制約を追加します。

1 「ポートフォリオの収益率の標準偏差」を目的関数とするために、［目的セルの設定］にセルL28を絶対参照で指定します（［目標値］は［最小値］とする）❶。

2 次に、［変数セルの変更］に変数である「各媒体への投資比率」に該当するセル範囲L24:M24セルを絶対参照で指定します❷。

3 全投資比率の合計が1になるような、そしてポートフォリオの期待値収益率が目標収益率以上となるような制約条件を追加するために、［制約条件の対象］の［追加］ボタンをクリックし、ダイアログボックスを操作して「$L$26 >= $L$29」「$N$24 = 1」を追加します❸。

4 ［解決方法の選択］で［GRG 非線形］が選択されていることを確認し❹、

5 ［解決］ボタンをクリックし、最適化を実行します❺。

■ Excel ソルバーによって最適化する［図 5-3-8］

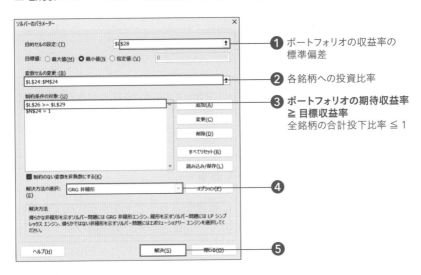

❶ ポートフォリオの収益率の標準偏差

❷ 各銘柄への投資比率

❸ ポートフォリオの期待収益率 ≧ 目標収益率
全銘柄の合計投下比率 ≦ 1

❹

❺

これで最適化の結果がどう変化したか確かめましょう。まずは最適化対象の変数であるA社、B社への投資比率です。確認すると、A社、B社の投資比率が(0.601, 0.399)に変化していることがわかります。ここで着目したいのは、先ほどの最小分散ポートフォリオのときは主にB社への投資比率が高く

なっていたことです。一方で、今回はA社への投資比率のほうが多くなっています。これは、最初に株価のデータを確認した際にわかったように、A社のほうがリターンが高い銘柄であるため、**よりリターンを見込めるA社への投資比率が上がっている**、と考えることができます。もちろん投資比率の合計は1になっています。

　また期待リターン（セルL26）を見ると、きちんと目標収益率として設定した2.5%になっています。そのうえで、期待リスクつまりポートフォリオの収益率の標準偏差の値を見ると、3.63%となっています。先ほどの最小分散ポートフォリオの際は、この値は2.60%だったので、少しばらつきは大きくなっていることがわかります。期待リターンを高く見込む代わりに、ポートフォリオの収益率の変動も大きくなる、ということです。

■最適化の結果を確認する［図 5-3-9］

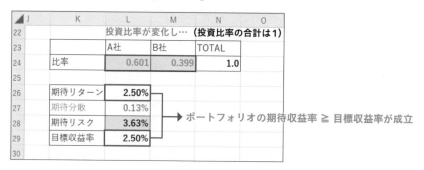

━━ 効率的フロンティアを描いてみる

　ここまでで、2つの最適化を通じて最適なポートフォリオを作成できました。最後に、今回の2銘柄を対象として、先ほど学んだ効率的フロンティアを描いてより理解を深めておきましょう。セルB54からセルE75に、投資比率を0から1まで少しずつ変えた際の、期待分散・期待リスク（標準偏差）・期待リターン（平均）を計算しています。投資比率が与えられた際のB列の投資比率は、A社への投資比率を示しています。今回は2銘柄なので、A社への投資比率がわかればB社の投資比率は"1−A社への投資比率"であることがわかります。

2銘柄の投資比率がわかったら、あとは先ほどと同様にポートフォリオの統計量を以下のようにして計算できます。

- 期待分散＝銘柄Aへの投資比率 × 銘柄Aの分散
  　　　　＋銘柄Bへの投資比率 × 銘柄Bの分散
  　　　　＋銘柄Aへの投資比率 × 銘柄Bへの投資比率 ×
  　　　　銘柄AとBの共分散
- 期待リスク＝期待分散のルート（平方根）
- 期待リターン＝A社の平均収益率 × A社への投資比率＋B社の平均収益率 × B社への投資比率

■投資比率を変化させたときのポートフォリオの統計量［図5-3-10］

	A	B	C	D	E	F
53		<効率的フロンティア>				
54		比率	期待分散	期待リスク	期待リターン	
55		0.00	0.07%	2.65%	0.30%	
56		0.05	0.07%	2.61%	0.48%	
57		0.10	0.07%	**2.60%**	0.66%	
58		0.15	0.07%	2.61%	0.85%	
59		0.20	0.07%	2.64%	1.03%	
60		0.25	0.07%	2.70%	1.21%	
61		0.30	0.08%	2.78%	1.40%	
62		0.35	0.08%	2.89%	1.58%	
63		0.40	0.09%	3.01%	1.76%	
64		0.45	0.10%	3.14%	1.95%	
65		0.50	0.11%	3.29%	2.13%	
66		0.55	0.12%	3.46%	2.31%	
67		0.60	0.13%	3.63%	**2.50%**	
68		0.65	0.15%	3.81%	2.68%	
69		0.70	0.16%	4.00%	2.86%	
70		0.75	0.18%	4.20%	3.05%	
71		0.80	0.19%	4.40%	3.23%	
72		0.85	0.21%	4.61%	3.41%	
73		0.90	0.23%	4.82%	3.60%	
74		0.95	0.25%	5.04%	3.78%	
75		1.00	0.28%	5.26%	3.97%	
76						

A社への投資比率＝0.8の場合の、ポートフォリオの標準偏差・平均を計算

投資比率を0から1まで変化させる

　投資比率を0から1まで変化させ、それぞれの投資比率における、ポートフォリオのリスク・リターンを計算します。あとはリスク（標準偏差）とリターン（平均）の値をプロットし線で繋げば、［図5-3-9］のように効率的フロンティアを得ることができます！

■効率的フロンティアを描画する ［図 5-3-11］

<効率的フロンティア>

比率	期待分散	期待リスク	期待リターン
0.00	0.07%	2.65%	0.30%
0.05	0.07%	2.61%	0.48%
0.10	0.07%	2.60%	0.66%
0.15	0.07%	2.61%	0.85%
0.20	0.07%	2.64%	1.03%
0.25	0.07%	2.70%	1.21%
0.30	0.08%	2.78%	1.40%
0.35	0.08%	2.89%	1.58%
0.40	0.09%	3.01%	1.76%
0.45	0.10%	3.14%	1.95%
0.50	0.11%	3.29%	2.13%
0.55	0.12%	3.46%	2.31%
0.60	0.13%	3.63%	2.50%
0.65	0.15%	3.81%	2.68%
0.70	0.16%	4.00%	2.86%
0.75	0.18%	4.20%	3.05%
0.80	0.19%	4.40%	3.23%
0.85	0.21%	4.61%	3.41%
0.90	0.23%	4.82%	3.60%
0.95	0.25%	5.04%	3.78%
1.00	0.28%	5.26%	3.97%

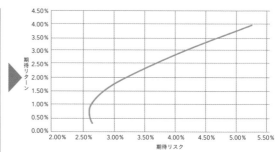

投資比率ごとのリスク（標準偏差）とリターン（平均）
をプロットし、効率的フロンティアを描画

　さて、このうえで先ほど最適化で得られたポートフォリオは、どこに存在しているのかを確かめましょう。まずは最小分散ポートフォリオですが、これは効率的フロンティアの中で、分散（標準偏差）の値がいちばん小さい部分に相当します。［図5-3-12］のグラフ左下の黒点部分です。そしてこの点は、期待リスク＝標準偏差が2.6%になっており、それはA社への投資比率が0.1（B社へは0.9）であることが表からもわかります。これはまさに先ほど最適化して得られた結果と、ほぼ同等であるといえるでしょう。

　また、目標収益率を2.5%に設定した場合のポートフォリオはどうでしょう。これはグラフ中央の緑点部分に相当します。そのままですが、期待リターンが2.5%になっている点ですね。これは表と照らし合わせると、A社への投資比率が0.6（B社へは0.4）であることがわかり、先ほど最適化した結果と、ほぼ相違ない値であるといえるでしょう。

　このように、効率的フロンティアを描くことにより、最適化して得られた結果がきちんと最小分散になっているかを確認できます。

■最適化したポートフォリオの位置を確認 [図5-3-12]

＜効率的フロンティア＞

比率	期待分散	期待リスク	期待リターン
0.00	0.07%	2.65%	0.30%
0.05	0.07%	2.61%	0.48%
0.10	0.07%	2.60%	0.66%
0.15	0.07%	2.61%	0.85%
0.20	0.07%	2.64%	1.03%
0.25	0.07%	2.70%	1.21%
0.30	0.08%	2.78%	1.40%
0.35	0.08%	2.89%	1.58%
0.40	0.09%	3.01%	1.76%
0.45	0.10%	3.14%	1.95%
0.50	0.11%	3.29%	2.13%
0.55	0.12%	3.46%	2.31%
0.60	0.13%	3.63%	2.50%
0.65	0.15%	3.81%	2.68%
0.70	0.16%	4.00%	2.86%
0.75	0.18%	4.20%	3.05%
0.80	0.19%	4.40%	3.23%
0.85	0.21%	4.61%	3.41%
0.90	0.23%	4.82%	3.60%
0.95	0.25%	5.04%	3.78%
1.00	0.28%	5.26%	3.97%

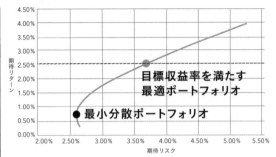

目標収益率を満たす
最適ポートフォリオ

● 最小分散ポートフォリオ

期待リスク

　Chapter5の金融資産における投資比率の最適化問題は以上となります。前提知識がいくつか必要なので少々長くなりましたが、参考になったのではないでしょうか。上場企業の株価データであれば誰でも容易に取得できるので、自分が興味のある銘柄を選定して、自ら実際に最適ポートフォリオを作成できるはずです。銘柄数に関しても、今回は説明を簡単にするため2銘柄としましたが、複数銘柄であっても同様のアプローチで最適化ができます。興味のある方は、ぜひ実践してみるとよいでしょう。

　この分野は奥深く、また応用領域も広いです。分散・標準偏差以外のさまざまなリスク指標を活用する考え方もあり、最適化アプローチについてもより複雑な最適化アルゴリズムが研究されています。また、株式銘柄などの金融資産のポートフォリオ最適化のみならず、家計のファイナンシャル・プランニングや年金運用など幅広い金融領域で今回学んだポートフォリオ最適化のアプローチが活用されています。Chapter5の内容がこれらの土台になっているので、しっかりと理解しておくとよいでしょう。

すべての数理最適化はExcelで解ける？

　本書では、一貫して "Excelを用いた数理最適化" の解き方を紹介しています。それは、やはり多くの読者の皆さんにとって、Excelは触れる機会が多いツールだからです。Excelによるハンズオン演習をしながらも、数理最適化のコアな知識部分の紹介に力を注ぐことができます。これが、演習をするためにプログラミング言語の習得も必要となってしまうと、少し学習のハードルが高くなってしまったり、数理最適化自体の学習がおざなりになってしまったりする可能性があるでしょう。

　そのような背景もあり、本書では、Excelのソルバー機能をふんだんに使った形式をとっていますが、もちろん実務の中でもExcelのソルバー機能を用いて数理最適化を業務・ビジネスに適用するケースもあります。それはやはり、Excelのソルバー機能は優秀だからです。

　では、Excelのソルバー機能を使えば、すべての数理最適化の問題は解けてしまうのでしょうか？　これは少し難しい問いですが、実は多くの問題はソルバー機能で解けてしまいます！　しかし以下のような場合は、ソルバー機能で解くことは難しくなってきます。

- **解きたい最適化問題の規模が大きすぎる場合**
- **最適化の計算自体が難しすぎる場合**

　1つ目は、変数や式の数が多すぎて、手元のPCに備わっているExcelではさばききれない規模であるケースです。2つ目は、目的関数や制約条件の式が難しすぎて、ソルバーのアルゴリズムでは最適解まで辿り着けないようなケースです。どちらも実務ではありえるケースで、このような場合はPythonによる実装や、クラウド環境の導入などを検討する必要があります。しかし、まずは最適化の導入レベルであれば、ここまで問題を難しくする必要もないと思いますので、最初はExcelで解けるレベルの規模で考え、しっかり業務・ビジネス導入を目指すところからはじめていきましょう。

シフトスケジュールを
最適化して、
稼働人数を最小化しよう

この章で学ぶこと

　Chapter3〜5では、価格・予算・比率といった連続変数の最適化に取り組んできました。Chapter6では、従業員が働く際の**シフトのスケジュールを最適化して稼働人数を最小化する**、というケースを考えていきましょう。これは整数計画問題と呼ばれる問題の一種で、値が連続値ではないという点から**組み合わせ最適化問題**になります。組み合わせ最適化や整数計画問題をどう考えればよいか、ケースを通じて学んでいきましょう。

■ 本書の全体像 [図 6-0-1]

| **Chapter1**
数理最適化の導入 | → | **Chapter2**
数理最適化における基礎知識 |

連続最適化

| **Chapter3**
事例1 商品価格の最適化 |
| **Chapter4**
事例2 広告媒体の予算配分の最適化 |
| **Chapter5**
事例3 金融資産の投資比率の最適化 |

組み合わせ最適化

| **Chapter6**
事例4 シフトスケジュールの最適化 |
| **Chapter7**
事例5 ルートの最適化 |

Chapter6でわかること

☑ シフトスケジュールの最適化に関する問題設定

☑ 整数計画問題を Excel ソルバーで解く

1

課題
発見

シフトを最適化し、稼働人数を最小化しよう

とあるお店のシフト管理における課題を考えてみよう

　読者の皆さんで、コンビニ店員などのアルバイトを経験したことがある人もいるのではないでしょうか。ケースとしては、必ずしも"コンビニ"である必要はないのですが、コンビニやコールセンター、病院など、何かしらの組織のシフト管理について考えてみましょう。

　とあるシフト作成をする管理長は、複数人の従業員（スタッフ）やアルバイトの管理をしています。さまざまある業務の1つとして、従業員のシフト管理を行わなければなりません。徐々に従業員数も増えているといった背景から、**従業員のシフト作成を効率化・自動化**していきたいという課題が浮上してきました。

　一口に"シフト"といっても業態や業務により、シフトを決める際の要件はさまざまです。今回は細かい業務などは考慮に入れずシフトスケジュールを最適化するという大きな枠組みで考えていきますが、多種多様な論点があります。

- 日ごと曜日ごとの稼働人数を決めればよいのか？ 従業員個々人ごとに稼働させるかどうかを決める必要があるのか？
- 日中帯だけのシフトなのか？ 深夜勤も考えるのか？
- 時間帯ごとに稼働すべき人数は1時間おきに異なるのか？ あるいは数時間おきなのか？
- 時間帯や曜日ごとに必要なスキルは異なるのか？
  （従業員ごとのスキルセットも考慮するべきか？）
- そもそも、稼働の人数を少なくしたいのか？ あるいは既存の従業員の稼働時間の平準化をしたいのか？
- ……

このように、**業務やビジネスの違いなどを背景としたシフト作成の要件や**
制約によって、どのようにシフトを決めていくべきか?は大きく異なってし
まいます。これらをすべて取り上げようとすると、それだけで本が1冊以上
書けるボリュームになります。そこでこのChapterでは、一部のアプローチ
に限定して話を進めていきましょう。まずは皆さんが「シフトの最適化」を
ある程度しっかりと理解できることがゴールなので、これまでと同様、シン
プルな問題設定を考えましょう。

　上記の要件に関する部分は次の問題設定のSectionでしっかりと考えてい
きます。今回のケースでは、以下のような問題設定とします。

　今のシフトでは、週5日連続して稼働する勤務パターンを前提としましょ
う。月曜日から金曜日まで、火曜日から土曜日まで勤務するパターン、と
いったイメージです。その勤務パターンごとに、**稼働させる従業員数を何人**
ずつにするかがわかっていないため、それを解き明かすのが現状の課題で
す。そして、その人数を最適化することで**稼働させる従業員の総数を最小化**
し、コストの改善をしていきたいと考えています。これらの要件の詳細は、
また次Sectionで取り上げていきましょう。

■ シフトスケジュールを最適化し、稼働従業員数を最小化する [図 6-1-1]

勤務パターンごとの稼働従業員数を何人ずつにするか?

稼働人数	月曜	火曜	水曜	木曜	金曜	土曜	日曜
5人?	👤	👤	👤	👤	👤		
10人?		👤	👤	👤	👤	👤	
⋮	…	…	…	…	…	…	…
6人?	👤	👤	👤			👤	👤
3人?	👤	👤	👤	👤			👤

シフトスケジュールを最適化して、稼働従業員数を最小化したい!

2 | 問題設定 | シフトの最適化を数理最適化の問題に落とし込む

━ シフトスケジュール最適化とは？

　今回考える問題は、数理最適化の世界で**「シフトスケジュール最適化」**や**「シフトスケジューリング問題」**などといわれている分野に相当します。

　シフトスケジューリング問題は、**従業員（人員）の配置基準や、その人たちの希望・能力・相性・業務負荷などを加味しながら、ある一定期間の勤務シフトを作成する問題**と定義できます。

　もう少しイメージを膨らませると、たとえば［図6-2-1］のように、従業員（スタッフ）ごとのシフトの各"マス目"に、働くか（場合によっては日中勤務か夜勤かも決める必要がある）休むかなどを割り当てる問題と考えられます。

■ シフトスケジュール最適化とは［図6-2-1］

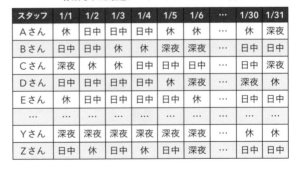

作成された最適シフトスケジュールの一例

スタッフ	1/1	1/2	1/3	1/4	1/5	1/6	…	1/30	1/31
Aさん	休	日中	日中	日中	休	休	…	休	深夜
Bさん	日中	日中	休	休	深夜	深夜	…	日中	日中
Cさん	深夜	休	休	日中	日中	日中	…	日中	深夜
Dさん	日中	日中	日中	日中	休	深夜	…	深夜	休
Eさん	休	日中	日中	日中	日中	休	…	日中	日中
…	…	…	…	…	…	…	…	…	…
Yさん	深夜	深夜	深夜	深夜	深夜	深夜	…	休	休
Zさん	日中	休	日中	休	日中	深夜	…	日中	日中

スタッフの勤務希望条件

必要スタッフ数などの業務条件

> **シフトにおける人員の割当を決定することで、稼働する従業員数を最小化する**

このように、シフトにおける人員や人数の割り当てを決定することで、稼働する従業員数を最小化し、業務コストの改善を目指します。

　しかし、**シフトスケジューリング問題というのは、実は数理最適化の中でもかなり難しい問題**として知られています。そのいちばんの理由は、先ほど述べたようにケースによって要件にばらつきが大きいことです。これまで学んだ用語を使えば、変数や目的関数の定義の仕方がいろいろと考えられるので、頭を捻らなければなりません。さらに大変なのは、制約条件が多くなりやすいという点です。今回は従業員数が必要人数より多ければよい程度のシンプルな問題設定にしていますが、実務上はより複雑な制約条件が含まれてきます。"深夜帯も考慮に入れたシフトを組みたい""時間帯ごとに必要なスキルが異なり、入れるメンバーが異なる"、といった制約です。

　さらには、"このメンバー同士は一緒にシフトに入れるとよくないことが起こる"などという、本来は最適化の要件には入れる必要もないが、入れておかないと現実の業務でややこしい問題が起こってしまうといった制約条件も考えなければならないことがありえます。これらをうまく考慮に入れながら、最適化問題を解かないといけません。

■ シフトスケジュール最適化は、思ったより難しい ［図 6-2-2］

スタッフの希望スケジュールと
必要人数が合わない…！

この業務は、このメンバー
（の組み合わせ）だと回せない…

なんとかシフトを組んだが、
稼働人数が多くなってしまう…

シフトの最適化問題は、思った以上に難しい…

余談ですが、シフトスケジューリング問題において、解くのが最も難しいといわれているのが**「ナース・スケジューリング問題」**です。その名のとおり病院における看護師の勤務表作成に関する問題です。医療の現場では人命に関わる業務を行っていることから、その従業員で構成される勤務の質が非常に厳しく求められます。特に24時間の切れ目ない活動が要求される病棟の勤務表作成では、看護の質と従業員の生活の質の両方を守る必要性から、すべての条件を満たす勤務表の作成は非常に難しいとされています。

■ ナース・スケジューリング問題の難しさのイメージ [図 6-2-3]

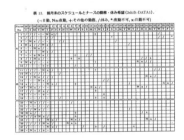

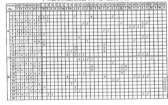

出典：ナース・スケジューリング - 調査・モデル化・アルゴリズム -
(https://www.ism.ac.jp/editsec/toukei/pdf/53-2-231.pdf)

このような複雑な問題の場合は、稼働人数を最小化するといった目的関数の改善以上に、制約条件をすべて満たす解を探せるだけで十分で、解がそもそも見つからないことも多いです。

シフトスケジューリング問題だけではなく数理最適化全般においていえますが、**制約条件が多くてそもそも制約条件をすべて満たす解が存在しない**というケースは、しばしば見受けられます。ただし、その場合でもケースに

よって"全部の制約条件を満たさなくてもよいから、少なくとも何かしらの（よい）解は出してほしい"といった要望もあるでしょう。そのようなときには**制約条件を（完全でなくても）できるだけ満たしつつ、その中でも（目的関数の値が）よい解を出力する**といった、高度な問題設定が要求されます。ここは数理最適化を解くデータサイエンティストや研究家の腕の見せどころになってきます。

　このように、シフトスケジューリング問題では非常に多岐に渡る問題設定が考えられます。裏を返せば、シフト作成業務においては、（うまく最適化に落とし込むことができれば）シフトスケジュール最適化を幅広く適用できる可能性があるともいえます。したがって、本書でシフトスケジューリング問題を解くイメージをつかんでおくことで、今後さまざまな場面で応用できるかもしれません。

■ 実務で頻出する「0-1 整数計画問題」

　シフトスケジューリング問題を深掘りしていく前に、少しだけ数理最適化の一般概論に関する話をしておきましょう。シフトスケジューリング問題をどのような問題設定として定義するかによって異なりますが、

- ● 誰が、どの日のシフトに入るか・入らないか？
- ● どの曜日の稼働従業員数は何人か？

といったケースでは、変数は、シフトに入るか（1）or 入らないか（0）、あるいは勤務するのは何人かという値が考えられます。これは、これまで学んだ連続最適化と比較すると、とりうる**変数の値が"整数"**でなければならない点が異なります。このような、変数が整数である制約条件をつけた問題を、「整数計画問題」といいます。

　なお、正確には"線形計画問題"という、目的関数や制約条件が線形関数で記述できる数理最適化の問題が存在します。その線形計画問題の中で、変数が整数である問題を一般的に「整数計画問題」あるいは「整数線形計画問題」と呼びます。そのように定義の詳細で気をつけなければならないことが

あることに留意しつつ、ひとまずはざっくりと、変数が整数に限定されるという解釈で話を進めていきましょう。

またその中でも、シフトに入るか（1）・入らないか（0）、といった変数が0か1の値しかとらない場合を**「0-1整数計画問題」**といいます。Chapter1で取り上げた「泥棒の問題」も、実は0-1整数計画問題と考えられるでしょう。

■ シフトの割り当ては、0-1整数計画問題の1つとなりうる［図6-2-4］

スタッフ	1/1	1/2	1/3	1/4	1/5	1/6	⋯	1/30	1/31
Aさん	0	1	1	1	0	0	⋯	0	1
Bさん	1	1	0	0	1	1	⋯	1	1
Cさん	1	0	0	1	1	1	⋯	1	1
Dさん	1	1	1	1	0	1	⋯	1	0
Eさん	0	1	1	1	1	0	⋯	1	1
⋯	⋯	⋯	⋯	⋯	⋯	⋯	⋯	⋯	⋯
Yさん	1	1	1	1	1	1	⋯	0	0
Zさん	1	0	1	0	1	1	⋯	1	1

シフトに入る → **1**
シフトに入らない → **0**

> **誰に、どのシフトを割り当てるか？**
> → 変数が0または1の値しかとらないとき「0-1整数計画問題」

この0-1整数計画問題に関してもう少し広く解釈すれば、変数の値が0か1に限定されるという問題は、実務でもよく登場します。

少しその事例を紹介しましょう。1つは"ルートの最適化"です。シフトスケジューリング問題と同様に、ルート最適化にもさまざまな問題設定が考えられますが、たとえば複数のドライバー（車両）が存在し、配送業務でいくつかの地点を回る必要があるとしましょう。すると、このルート最適化は**誰にどの地点を割り当てるか？**という問題であると考えられます。もう少し具体的にいえば、**各ドライバーが、各地点に行くか（1）、行かないか（0）**、という変数の最適化をする問題になります。これは誰がどのシフトに入るか入らないか？という問題と似た構造であることがイメージできるでしょうか。

■ 0-1 変数となるケース：ルート最適化［図 6-2-5］

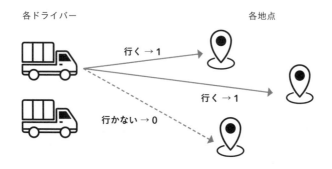

各ドライバー　　　　　　　　　　　　　　　　各地点

行く → 1

行く → 1

行かない → 0

ルートの最適化も、"誰にどの地点を割り当てるか"という問題で考えられる

　ほかの例として、マッチング問題も似た事例となりえます。何のマッチングかは、下記のように多岐に渡って考えられます。

- 不動産仲介事業における、買い主と売り主（不動産）のマッチング
- マッチングアプリサービスにおける、パートナーのマッチング
- 広告配信事業における、広告主とユーザーのマッチング
  （どの広告を誰に対して配信するのがよいか）

　イメージを膨らませるために、お互いに恋人や結婚相手を探すようなマッチングアプリを例としてみましょう（話をシンプルにするために、ひとまず男性と女性のマッチングという前提としましょう）。すると、この話は**どの男性をどの女性に割り当てるか？**（どの女性をどの男性に割り当てるか？とも同値です）という問題であると考えられます。つまり、**各男性と各女性がマッチングするか (1)、しないか (0)、**という変数を最適化する問題であることがわかります。

■ 0-1 変数となるケース：マッチングサービス ［図 6-2-6］

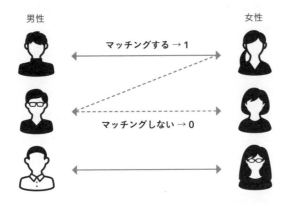

男性　　　　　　　　　　　　　　　　　　女性

マッチングする → 1

マッチングしない → 0

> マッチング最適化も、"誰を誰に割り当てるか"という問題で考えられる

　またマッチング系の問題では、過去のマッチング履歴のデータを使うことで、どのようなユーザー同士がマッチングしやすいかという傾向をつかむことができます。この部分はデータサイエンスの技術的には、数理最適化よりも**機械学習（Machine Learning）**の技術を使うことで、**データから傾向を学習**できます。したがってこのような分野では、機械学習と数理最適化をうまく組み合わせて、より精度高く問題を解いていくといったアプローチにもなりえるでしょう。

　このように変数が0-1となるケースは、実務ではよく取り上げられます。もし皆さんが実世界でこのような問題に直面しそうになった場合は、0-1の変数にできるか？という視点で捉えてみると、これまではそうとは考えられなかったことが、実は数理最適化のコンセプトで解けそうであるとわかるかもしれません。

━ シフト作成における変数を考える

　さて、ここからはシフトスケジューリング問題に焦点を当てていきましょう。前述のようにこの問題は、どのように問題設定を定義するか？が非常に

難しいポイントです。そこで、今回のケースのみに着目するのではなく、いろいろな例を紹介しながらシフトスケジューリング問題の全体像を俯瞰して学んでいきましょう。

　数理最適化におけるフレームワークの基本は、"変数・目的関数・制約条件"でした。まずは、最適化すべき"変数"について考えてみましょう。この変数は、どの粒度の細かさ／粗さで定義するか？という軸で考えます。まず、いちばん細かい粒度の1つとして考えられるのは、**従業員1人1人が、何月何日何時台のシフトに入るか・入らないか？**といった変数設定でしょう。この場合は［図6-2-7］のような勤務表、つまり行に従業員・列に何月何日何時台をとる表で、0／1の変数値が格納されるイメージになります。

■ 変数の例：誰が、何月何日何時台のシフトに入るか［図6-2-7］

スタッフ	1/1				1/2				···
	0時	1時	···	23時	0時	1時	···	23時	···
Aさん	0	1	1	1	0	0	···	0	1
Bさん	1	1	0	0	1	1	···	1	1
Cさん	1	0	0	1	1	1	···	1	1
Dさん	1	1	1	1	0	1	···	1	0
Eさん	0	1	1	1	1	0	···	1	1
···	···	···	···	···	···	···	···	···	···
Yさん	1	1	1	1	1	1	···	0	0
Zさん	1	0	1	0	1	1	···	1	1

誰が、何月何日何時台のシフトに入るか入らないか

　もちろん要件によっては、変数の粒度は1時間単位ではなく、2時間単位、3時間単位、と粗くなってくるケースも考えられるでしょう。それこそ前述したナーススケジューリング問題や、コンビニ・飲食店といったシフトに相当するイメージでしょうか。一方で、1日単位でシフトを決めるような場合は何時台という単位もなくなり、何月何日のシフトに入るか？という粒度になるでしょう。

より粒度が粗くなってくるとどうでしょうか。先ほどの何月何日何時台ではなく、たとえば曜日ごとにシフトを固定的に決めたい場合は、**誰が、何曜日のシフトに入るか・入らないか？** といった変数の設定も考えられるでしょう。この場合は［図6-2-8］のように、行に従業員・列に曜日をとる表において、0／1の変数値が格納される形になります。

■ 変数の例：誰が、何曜日のシフトに入るか［図6-2-8］

スタッフ	月曜	火曜	水曜	木曜	金曜	土曜	日曜
Aさん	0	1	1	1	0	0	1
Bさん	1	1	0	0	1	1	1
Cさん	1	0	0	1	1	1	1
Dさん	1	1	1	1	0	1	0
Eさん	0	1	1	1	1	0	1
…	…	…	…	…	…	…	…
Yさん	1	1	1	1	1	1	0
Zさん	1	0	1	0	1	1	1

誰が、何曜日のシフトに入るか入らないか

ここまでは0／1の変数をとるケースですが、より粒度を粗くすると最初に取り上げたケースのように、整数値をとることも考えられます。つまり、何曜日のシフトに何人の従業員が入るか？といった、必要な稼働人数を変数とするような場合です。

この場合は次ページの［図6-2-9］のように、曜日ごとの必要な稼働人数をとる表において、整数値が格納されるイメージでしょう。

■ 変数の例：何曜日のシフトに、何人の従業員が入るか ［図6-2-9］

スタッフ	月曜	火曜	水曜	木曜	金曜	土曜	日曜
稼働人数	5	4	7	8	10	20	12

何曜日のシフトに何人の従業員が入るか

　もちろん曜日ごとではなく、日ごと・週ごと・月ごとといった場合でも、粒度の定義は異なりますが同様に考えられるでしょう。時間帯に着目して、0-6時、6-12時、12-18時、18-24時ごとの必要人数といった変数もありえます。このあたりは、まさにシフト作成の要件次第なので、まずは**どういった情報があれば、業務に活用できるのか**をしっかりとヒアリングし、要件を決める姿勢でどのような変数として定義するのがよいのだろうか？と考えていきましょう。

シフト作成における目的関数を考える

　変数の次は、目的関数を考えましょう。目的関数は、基本的には稼働リソースの効率化、つまり稼働させる人数の最小化では？と考えた人が多いのではないでしょうか。基本的にはそのアプローチが多いのですが、異なる考え方もあるので紹介しましょう。

　典型的な目的関数の定義は、先ほど述べた**稼働リソースの最小化**です。稼働リソースとは、たとえば**ある一定期間において稼働する従業員数の総数**、といった定義が考えられるでしょう。そのほかにも、稼働時間の総数といった計算・定義の仕方も考えられるかもしれません。

　先ほど考えた変数を最適化することで、シフト表や必要な稼働人数などが具体的に決まります。すると、稼働しなければならない人数といった数値も集計により計算できます。そして、この値を最小化することが最適化のゴールになるでしょう。

　稼働リソースを最小化できれば、そのままコスト削減に寄与するはずで

す。このような問題設定の場合、シフトを効率的に組むことによって、（必要な業務を遂行したうえで）従業員に対して支払わなければならない**コストを最小化する**ことが目的となっていることが多いです。したがって、シフトスケジューリング問題を解くことによりコスト効率をよくしていくことが望まれます。

■ 目的関数の例：合計の稼働人数を最小化 [図 6-2-10]

スタッフ	月曜	火曜	水曜	木曜	金曜	土曜	日曜
Aさん	0	1	1	1	0	0	1
Bさん	1	1	0	0	1	1	1
…	…	…	…	…	…	…	…
Yさん	1	1	1	1	1	1	0
Zさん	1	0	1	0	1	1	1

スタッフ	月曜	火曜	水曜	木曜	金曜	土曜	日曜
稼働人数	5	4	3	8	10	15	12
合計	57						

合計の稼働従業員数を最小化したい

一方で、異なる目的関数の設計方法も存在します。それは、**シフトに入る従業員間の稼働時間や稼働日数のばらつきを最小化したいケース**です。具体的に考えてみましょう。

先ほどの目的関数は、稼働する従業員数を増減させることが前提の考え方です。しかし、業務の状況によってはすでに稼働させる従業員や従業員数は固定されているケースも考えられるでしょう。そのとき多くの場合は、どうせ稼働させるのであればまんべんなく稼働させたい、という動機が働きます。

実際、働きすぎている従業員もいれば全然シフトに入れない従業員もいる場合、従業員から不平不満が生じることは想像に難くないし、労務上の問題も起こりえます。これに対処するには、シフトをうまく組むことによって、

従業員間の稼働時間や稼働日数のばらつきを最小化する必要があります。

　これは先ほどの稼働時間の最小化とはまったく異なった方向性なので、目的関数の設計方法も、まったく異なってきます。［図6-2-11］のように、組んだシフトの結果、従業員ごとに合計稼働日数が算出され、この日数のばらつきを最小化することになります。これに対してはさまざまなアプローチが考えられますが、最もシンプルなのは、前Chapterで学んだ統計量を活用するケースです。ばらつきを示す指標は分散や標準偏差といった統計量です。これらは数値間のばらつき度合いを示す指標なので、**従業員ごとの稼働日数や稼働時間の分散・標準偏差を最小化すれば、ばらつきを最小化できる**でしょう。

■ 目的関数の例：従業員間の稼働時間のばらつきを最小化 ［図6-2-11］

スタッフ	1/1	1/2	1/3	1/4	1/5	…	1/30	1/31	合計稼働日数
Aさん	休	日中	日中	日中	休	…	休	深夜	15
Bさん	日中	日中	休	休	深夜	…	日中	日中	20
Cさん	深夜	休	休	日中	日中	…	日中	深夜	13
Dさん	日中	日中	日中	日中	休	…	深夜	休	14
Eさん	休	日中	日中	日中	日中	…	日中	日中	12
…	…	…	…	…	…	…	…	…	22
Yさん	深夜	深夜	深夜	深夜	深夜	…	休	休	18
Zさん	日中	休	日中	休	日中	…	日中	日中	19

従業員間の稼働日数のばらつきを最小化したい

　このように稼働のばらつきをうまく指標化し、それを目的関数として設定することで、最適化が解ける問題として定式化できるでしょう。

━ シフト作成における制約条件を考える

　さて、最後は制約条件です。シフトスケジューリング問題は、この制約条件が非常に多岐にわたっていることが特徴です。考えられる制約条件をすべて列挙することはできませんが、一般的でわかりやすいものをいくつか紹介していきましょう。

　1つ目は、**日ごとや曜日ごとといった単位期間ごとに必要な、最低稼働人数**でしょう。多くの場合、業務の忙しさなどに紐づく形で、この日・この曜日に必要な従業員数といった制約があるはずです。これらの必要人数以上になるように、シフトを組んでいく必要があります。

■ 制約条件の例：日ごと・時間帯ごとに、必要な最低稼働人数 ［図 6-2-12］

日ごとに必要な最低稼働人数

日	必要人数
1/1	10
1/2	15
1/3	13
1/4	12
1/5	8
…	…
1/30	11
1/31	9

曜日ごとに必要な最低稼働人数

曜日	必要人数
月曜	5
火曜	4
水曜	6
木曜	7
金曜	10
土曜	15
日曜	12

日ごと・時間帯ごとに、必要な最低稼働人数

　ほかにもいろいろな制約条件が思いつくでしょう。たとえば従業員個々人に着目した制約条件があります。わかりやすい例としては、**従業員ごとの各週に働ける最大稼働日数や、各月に働ける最大稼働時間といった条件**が考えられます。従業員によっては、週に6日間稼働できる人もいれば、3日間しか稼働できない人もいるでしょう。また月で考えても同様です。月に160時間（8時間×20日）稼働できる従業員もいれば、月に70時間しか稼働できない

従業員もいるはずです。特にアルバイトやパートもいるような状態でのシフトスケジューリングでは、従業員ごとの稼働時間・稼働日数の違いは考慮に入れなければならないことが多いでしょう。

■ 制約条件の例：従業員の、最大稼働日数や稼働時間 [図 6-2-13]

週ごとの最大稼働日数

スタッフ	稼働日数
Aさん	6
Bさん	4
Cさん	5
Dさん	6
…	…
Yさん	6
Zさん	3

月ごとの最大稼働時間

スタッフ	稼働時間
Aさん	160
Bさん	150
Cさん	130
Dさん	190
…	…
Yさん	200
Zさん	70

従業員の、週ごとの最大稼働日数 や 月ごとの最大稼働時間

　稼働時間や稼働日数だけではなく、1日の中の働ける時間帯が従業員によって異なるという制約もありえます。たとえば（先ほど紹介したナーススケジューリング問題のように）24時間のシフトを作成しなければならないケースを考えてみましょう。日中しか働けない従業員もいれば、逆に深夜帯しか働けない従業員もいるでしょう。あるいは、日中も深夜帯も柔軟に働ける従業員もいるかもしれません。そのようなときは [図6-2-14] のように、それぞれの従業員ごとに何時台は働くことができて何時台は働くことができない、といったことをデータとして定量化していく必要があるでしょう。もちろんケースによっては1時間ごとではなく、2時間、3時間ごとに、働ける（○）・働けない（×）といった制約条件とすることもあるはずです。

■ 制約条件の例：従業員の、1日の中で働ける時間帯 [図6-2-14]

スタッフ	0時	1時	2時	3時	…	20時	21時	22時	23時
Aさん	×	×	×	×	…	○	○	○	○
Bさん	○	○			…	○	○	○	×
Cさん	×	○	○	○	…	○	○	×	×
Dさん	×	○	○	○	…	○	○	×	×
Eさん	×	○	○	○	…	○	○	×	×
…	…	…	…	…	…	…	…	…	…
Yさん	×	×	×	×	…	○	×	×	×
Zさん	×	×	×	×	…	○	×	×	×

従業員ごとの、1日の中で働ける時間帯

　ほかにも、いろいろな制約条件が考えられます。1つは目的関数のところ
で考えましたが、**従業員間での稼働量のばらつきを制約条件に入れる**とい
うことです。稼働人数の最小化という指標を目的関数として定義しつつも従業
員間で最低限の稼働量のばらつきは抑えたい、といったケースも考えられる
でしょう。"もともと10名の稼働を想定していたが、最適化を実施した結果
8名に減らすことができた。しかしその8名の中でほとんど稼働しない従業
員が数名いて、かなり稼働量が多い従業員が数名いる"といったことが最適
化の結果として生じてしまうと、それを現実のシフトに落とし込むのは難し
いと思うのではないでしょうか。その場合は、**稼働人数の最小化を目的関数
としつつも、たとえば月間稼働時間や稼働日数など、従業員間での（分散や標
準偏差によって表される）稼働量のばらつきを一定値以内に抑えるといった制約
条件**を組み込む対策が考えられます。
　そのほかのより細かな制約条件だと、従業員間のスキルの組み合わせに制
約があるケースなどが考えられるでしょう。ナーススケジューリング問題も
そうですが、**"そもそもこのスキルを持った従業員が何人以上必要""この時
間帯やこの日には、AとBのスキルを持った従業員が稼働している必要があ
る"**といったケースです。この場合、最適化を実施する以前に、そもそもど
のようなスキルが存在するのかを定義し、各従業員がどのスキルを持ってい

179

るのかを可視化しなければなりません。そのうえで、日時ごとにどのスキル
を持った従業員が何人以上必要かを制約条件として定式化していく必要があ
るため、少し難易度が高くなります。

さらには、従業員同士の組み合わせ自体に制約があるケースもあるでしょ
う。わかりやすい例だと、**"Aさんは最近入社したばかりのトレーニング段
階であるため、一人前と認定された従業員と一緒に稼働する"といった制約**
が考えられます。この場合は、各従業員はトレーニング段階なのか一人前な
のかを可視化し、そのうえで、トレーニング段階の従業員が稼働する際に
は、一人前の従業員が1名以上稼働していなければならない、といった形で
制約条件を定義する必要があります。

あるいは、(これはあまりよろしくないケースですが) **ある従業員同士は相性が悪
く、一緒にシフトを組むと業務に悪影響が出るかもしれません。** その場合
(シフト組みの前に、そもそもこの問題を解消するべきですが……仮にシフト組みで考慮するの
であれば)、その従業員は同じタイミングでの稼働はできないように制約条件
を定義し、回避することができるでしょう。

▬ シフトスケジュール最適化問題を定式化する(前提条件)

ここまでシフトスケジューリング問題の全体像を紹介してきました。これ
らの知識をもとに、具体的に問題設定から定式化までを実施し、この後の
Sectionで、Excelによるハンズオン演習ができるよう準備をしましょう。

変数・目的関数・制約条件を考える前に、前提状況を規定しておきます。
ここまで学んできたようにシフトスケジューリング問題は、対象とするシフ
トに紐づく業務やビジネスによって、どう問題設定するかが大きく変わる可
能性があります。今回はできるだけ理解しやすいように、比較的シンプルな
問題設定として考えていきます。

今回の問題設定は、最初のSectionで述べたとおり、**週5日連続して稼働
するという"勤務パターン"**があることを前提としましょう。具体的には、
下記7通りの勤務パターンが存在することになります。

- 月曜日から金曜日まで勤務するパターン
- 火曜日から土曜日まで勤務するパターン
- 水曜日から日曜日まで勤務するパターン
- 木曜日から月曜日まで勤務するパターン
- 金曜日から火曜日まで勤務するパターン
- 土曜日から水曜日まで勤務するパターン
- 日曜日から木曜日まで勤務するパターン

■ 週5日稼働する勤務パターンを前提とする [図6-2-15]

月曜	火曜	水曜	木曜	金曜	土曜	日曜	勤務パターン
🧍	🧍	🧍	🧍	🧍			▶ 月～金
	🧍	🧍	🧍	🧍	🧍		▶ 火～土
...	...	...	...	...	...	...	...
🧍	🧍	🧍			🧍	🧍	▶ 土～水
🧍	🧍	🧍	🧍	...		🧍	▶ 日～木

前提：各従業員は、週に5日間連続で勤務する → 7通りの"勤務パターン"

　飲食店のアルバイトなどシフトが不定期な場合には少し当てはまりにくい前提ですが、コールセンターの常勤従業員など、固定的なシフトパターンで継続的に勤務する業務形態であれば比較的近しいケースであると考えられるでしょう。

シフトスケジュール最適化問題を定式化する（変数）

　この前提条件をもとに、変数・目的関数・制約条件を定義していきましょう。変数に関しては、シンプルに「勤務パターンごとの稼働従業員数」を最適化します。アウトプットは下記のイメージになります。

- 月曜日から金曜日までの勤務パターン：5名
- 火曜日から土曜日までの勤務パターン：7名
- …
- 日曜日から木曜日までの勤務パターン：10名

■ 今回の問題で、最適化したい変数 [図 6-2-16]

勤務パターン	月曜	火曜	…	土曜	日曜	合計
月〜金	🧍	🧍	…			○○人
火〜土		🧍	…	🧍		○○人
…	…	…	…	…	…	…
土〜水	🧍	🧍	…	🧍	🧍	○○人
日〜木	🧍	🧍	…	…	🧍	○○人
				稼働従業員数の合計		？？人

（最適化する）変数：勤務パターンごとの稼働従業員数

　したがって、先ほど学んだ内容をもとにすれば、今回最適化したい変数は "整数" となります。また、最適化するのは "人数" であるため、(マイナスの人数という概念は存在しないため) 必然的に0以上の整数である必要があります。マイナスにならない0以上の数のことを、「非負値」といいます。したがって今回最適化する変数は、"非負の整数" となります。この部分は制約条件として組み込む形になります。後ほどのExcelによる演習Sectionで見ていきましょう。

　なお余談ですが、今回の変数は整数変数になっていることから、Chapter3の価格最適化のように連続変数として扱う考え方もありえます。しかしシフトスケジューリング問題の多くは組み合わせ最適化の枠組みで考

えられることが多く、今回はそのように解いていきます。また、最適化のアルゴリズムの技術的な観点からはこれらの違いは比較的重要ですが、今回は最適化アルゴリズム自体はExcelのソルバー機能に任せるというスタンスです。その場合、そこまで両者の違いを気にする必要はないため、非負の整数という変数として取り扱うということがわかっておけば十分でしょう（違いが重要ではないというわけではないのでご注意ください）。

シフトスケジュール最適化問題を定式化する（目的関数）

次は目的関数です。シフトスケジューリング問題においては、目的関数として大きく2種類のアプローチが存在すると述べました。

- 稼働リソース（稼働従業員総数や稼働合計時間）を最小化する
- 従業員間の稼働量のばらつき（稼働時間の分散や標準偏差など）を最小化する

今回は、前者の**稼働リソースを最小化する**アプローチをとりましょう。先ほど勤務パターンごとの稼働従業員数が変数であると定義しました。

その場合次ページの［図6-2-17］のように、**7通りの勤務パターンの稼働従業員数を足し合わせた、全勤務パターンの従業員数の合計を目的関数と定義し、それを最小化すればよさそう**です。

■ 今回の問題で最適化したい目的関数 [図6-2-17]

勤務パターン	月曜	火曜	…	土曜	日曜	合計
月〜金	👤	👤	…			○○人
火〜土		👤	…	👤		○○人
…	…	…	…	…	…	…
土〜水	👤	👤	…	👤	👤	○○人
日〜木	👤	👤	…	…	👤	○○人

稼働従業員数の合計　30人

目的関数：全勤務パターンの稼働従業員数の合計

シフトスケジュール最適化問題を定式化する（制約条件）

　最後に制約条件を定義しましょう。前述のとおり、シフトスケジューリング問題では考慮すべき制約条件は非常に多岐にわたることがあります。今回のケースではいちばんシンプルな制約条件で理解を深めましょう。

　よくある制約条件の1つとして、シフトの枠ごとに最低限必要な従業員数がありますが、今回は曜日ごとの粒度でシフトを定義しています。その場合に考慮したいのは、曜日によって必要な稼働人数が変動するケースです。

　たとえば飲食店では月曜日から木曜日はお店に来る客数は少ないため、必要なシフトの人数も少なく、一方で金曜日や土曜日は客数が多いためにシフトの人数も増やす必要があるでしょう。

　今回のケースでも同様に、**曜日ごとに稼働する従業員数が、曜日ごとに必要な従業員数以上という制約条件**を設けましょう。

　具体的には、以下のような制約条件のイメージです。

● 月曜日の稼働人数 ≧ 月曜日に必要な最低稼働人数

- 火曜日の稼働人数 ≧ 火曜日に必要な最低稼働人数
- 水曜日の稼働人数 ≧ 水曜日に必要な最低稼働人数
- 木曜日の稼働人数 ≧ 木曜日に必要な最低稼働人数
- 金曜日の稼働人数 ≧ 金曜日に必要な最低稼働人数
- 土曜日の稼働人数 ≧ 土曜日に必要な最低稼働人数
- 日曜日の稼働人数 ≧ 日曜日に必要な最低稼働人数

　今回は、勤務パターンごとの稼働従業員数という変数を考えていました。[図6-2-18]のように、勤務パターンごとに稼働する従業員数が配置された際に、曜日ごとに合計の稼働人数を集計することで、そのシフトで稼働する合計稼働人数がわかります。したがって、**曜日ごとの稼働人数の合計が、曜日ごとに必要な最低稼働人数をそれぞれ上回っていれば制約条件を満たすこ**とになります。

■ 今回の問題における、制約条件 [図6-2-18]

勤務パターン	月曜	火曜	…	土曜	日曜
月～金	👤	👤	…		
火～土		👤	…	👤	
…	…	…	…	…	…
土～水	👤	👤	…	👤	👤
日～木	👤	👤	…	…	👤
合計稼働人数	○○人	○○人	…	○○人	○○人
	≧	≧		≧	≧
最低稼働人数	△△人	△△人	…	△△人	△△人

制約条件：曜日ごとの稼働従業員数 ≧ 曜日ごとの必要従業員数

185

━ シフトスケジュール最適化問題を定式化する

　それではここまでの内容をまとめる形で、改めて今回解きたいシフトスケジューリング問題の最適化の定式化をしておきましょう。[図6-2-19]に、最適化の定式化を記載しています。

■ 最適化問題を定式化 [図6-2-19]

```
[定式化]

最適化対象の変数：各勤務パターンにおける、稼働従業員数

(目的関数)
Minimize：稼働従業員の総数
        ＝ 月曜 ～ 金曜の勤務パターンの稼働従業員数 ＝
        ＋ 火曜 ～ 土曜の勤務パターンの稼働従業員数
        ＋ 水曜 ～ 日曜の勤務パターンの稼働従業員数
        ＋ 木曜 ～ 月曜の勤務パターンの稼働従業員数
        ＋ 金曜 ～ 火曜の勤務パターンの稼働従業員数
        ＋ 土曜 ～ 水曜の勤務パターンの稼働従業員数
        ＋ 日曜 ～ 木曜の勤務パターンの稼働従業員数

(制約条件)
Subject to：曜日ごとの稼働従業員数 ≧ 曜日ごとの必要従業員数
          勤務パターンごとの各変数 ＝ 整数、かつ、非負数
```

　今回最適化したい**変数は、各勤務パターンにおける稼働従業員数**でした。週5日間勤務するという勤務パターンが週7曜日に渡って存在するので、合計7通りの勤務パターンが存在する。つまり今回は7つの変数を最適化することになります。

　また、これらの変数を最適化することで、目的関数である**稼働従業員の総数の最小化**を目指します。そして、[図6-2-20]の目的関数の式を見るとわかるのですが、実はこの目的関数値は、今回**最適化する7つの変数の合計値**です。技術的な話になりますが、このように目的関数が変数の線形（1次関数

式）で記載されているような問題を“線形計画問題”といいます。線形計画問題の場合は、比較的最適化が解きやすい構造になっています。

そして最後に、**曜日ごとに稼働する従業員数が曜日ごとに必要とされる従業員数以上となっている**、というのが大きな制約条件です。この制約条件に加えて、今回対象とする変数が“従業員数”であることから、**各変数は、整数かつ非負数であるという制約条件**も必要となります。

これらをまとめた変数・目的関数・制約条件の全体構造のイメージを［図6-2-20］に図示しておきます。

各行が勤務パターン、各列が曜日となっている表をベースに、行（勤務パターン）ごとの稼働人数が変数となり、合計7つの変数となっています。

また、それらの合計値である従業員総数が目的関数になります。

そして、列（曜日）ごとに稼働する従業員数を合計した値が、曜日ごとの最低稼働人数を上回っている必要があるという制約条件となります（変数が整数・非負数である、という制約は省略されています）。

この構造をヒントに、この後のExcelによるハンズオン演習で、実際にシフトスケジューリング最適化問題を解いていきましょう。

■ 変数・目的関数・制約条件の構造のイメージ［図6-2-20］

制約条件：曜日ごとの稼働従業員数 ≧ 曜日ごとの必要従業員数

3 | Excel 実践 | 従業員を最小化する 最適シフトを求めよう

▬ 取り扱うケースのデータを確認する

　さてここでは、先ほど取り上げたケースをExcelのソルバー機能で実際に最適化していきましょう。まずはこれまで同様に、今回扱うデータを確認しておきましょう。

　ダウンロードした「chap6_shift_scheduling.xlsx」ファイルを開いてください。[図6-3-1]のように、今回最適化したい情報を記載しています。

■ 最適化するための情報 [図6-3-1]

	A	B	C	D	E	F	G	H	I	J	K
1											
2		<最適化>									
3		稼働従業員総数	30								
4											
5							稼働フラグ				
6		稼働従業員数	稼働開始日	月曜日	火曜日	水曜日	木曜日	金曜日	土曜日	日曜日	
7		10	月曜日	1	1	1	1	1	0	0	
8		2	火曜日	0	1	1	1	1	1	0	
9		2	水曜日	0	0	1	1	1	1	1	
10		5	木曜日	1	0	0	1	1	1	1	
11		1	金曜日	1	1	0	0	1	1	1	
12		3	土曜日	1	1	1	0	0	1	1	
13		7	日曜日	1	1	1	1	0	0	1	
14			稼働従業員数	26	23	24	26	20	13	18	
15			必要従業員数	17	13	15	17	9	9	12	
16			(稼働 - 必要)	9	10	9	9	11	4	6	
17											

最適化のために、必要な前提情報を定義していく

　"稼働従業員総数"（現状は初期値として30となっている）が、今回最小化したい目的関数部分となります。

　また、"稼働従業員数"（現状は初期値として、それぞれ10、2、2、5、1、3、7となっている）が、今回最適化したい変数となります。

そしてセル D14〜J15 の"稼働従業員数"や"必要従業員数"の部分（現状は初期値として、稼働従業員数が26、23、24、26、20、13、18、必要従業員数が17、13、15、17、9、9、12となっている）が、制約条件の部分に相当します。もう少し詳しく見ていきましょう。

まずは前提となるデータの構造を確認します。月曜日の行（[図6-3-2]のいちばん上の赤枠部分）を見ましょう。これは月曜日から金曜日までの5日間稼働する勤務パターンに相当します。セル内の値を見ればわかるとおり、**勤務する日（月曜日から金曜日）には1が、勤務しない休暇日（土曜日と日曜日）には0が格納**されています。この勤務パターンが行ごとに定義され、次の行は、火曜日から土曜日まで稼働する勤務パターンとなります。

[図6-3-2]の下から3つ目の行（上から2つ目の赤枠部分）は、金曜日から火曜日まで稼働（水曜日と木曜日は休暇）する勤務パターンとなっており、下から1つ目の行（上から3つ目の赤枠部分）は、日曜日から木曜日まで稼働（金曜日と土曜日は休暇）する勤務パターンとなっています。

■ 勤務パターンを定義する [図6-3-2]

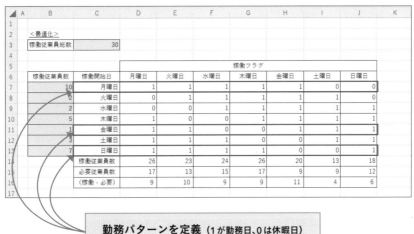

勤務パターンを定義（1が勤務日、0は休暇日）

この0／1の要素で構成されている勤務パターンの表内の数値（配列）は、後ほど曜日ごとの稼働従業員数を計算する際に使用します。

取り扱うデータの確認（変数）

　続いては、変数の定義を確認しておきましょう。先ほどの勤務パターンの定義と同様に行単位で考えます。つまり、セルB7〜B13（［図6-3-3］の "稼働従業員数" の水色背景部分）が、**今回最適化対象となる変数である、勤務パターンごとの稼働従業員数**となります。

　たとえば7行目に関して、セルC7〜J7は、月曜日から金曜日まで稼働する（土曜日と日曜日は休暇）勤務パターンでした。ここに相当するセルB7が、同じ勤務パターンにおける、稼働従業員数を示しており、現状は初期値として10が格納されています。

■ 変数を定義する［図6-3-3］

	稼働従業員数	稼働開始日	月曜日	火曜日	水曜日	木曜日	金曜日	土曜日	日曜日
					稼働フラグ				
7	10	月曜日	1	1	1	1	1	0	0
8	2	火曜日	0	1	1	1	1	1	0
9	2	水曜日	0	0	1	1	1	1	1
10	5	木曜日	1	0	0	1	1	1	1
11	1	金曜日	1	1	0	0	1	1	1
12	3	土曜日	1	1	1	0	0	1	1
13	7	日曜日	1	1	1	1	0	0	1
14		稼働従業員数	26	23	24	26	20	13	18
15		必要従業員数	17	13	15	17	9	9	12
16		（稼働 - 必要）	9	10	9	9	11	4	6

（上部：＜最適化＞ 稼働従業員総数 30）

勤務パターンごとの稼働従業員数（最適化対象の変数）

これが以下のように7通り存在し、変数として定義されます。

- セルB7が、月曜日から金曜日まで稼働する勤務パターンにおける、稼
  従業員数を示している（初期値は10が格納）
- セルB8が、火曜日から土曜日まで稼働する勤務パターンにおける、稼
  働従業員数を示している（初期値は2が格納）
- セルB9が、水曜日から日曜日まで稼働する勤務パターンにおける、稼

働従業員数を示している（初期値は2が格納）

- セルB10が、木曜日から月曜日まで稼働する勤務パターンにおける、稼働従業員数を示している（初期値は5が格納）
- セルB11が、金曜日から火曜日まで稼働する勤務パターンにおける、稼働従業員数を示している（初期値は1が格納）
- セルB12が、土曜日から水曜日まで稼働する勤務パターンにおける、稼働従業員数を示している（初期値は3が格納）
- セルB13が、日曜日から木曜日まで稼働する勤務パターンにおける、稼働従業員数を示している（初期値は7が格納）

この7つの変数を動かすことで、最適化を図ります。

■ 取り扱うデータの確認（目的関数）

続いては目的関数です。結論としてはセルC3（[図6-3-4] 稼働従業員総数30に相当）の部分が、目的関数として定義されています。

■ 目的関数を定義する [図6-3-4]

この値は、セルを見るとわかりますが、下記のように計算されています。

$$セルC3 = SUM(B7:B13)$$

191

セルB7〜B13は、先ほど見たように7通りの勤務パターンごとの稼働従業員数でした。つまりこのセルC3は、全勤務パターンの稼働従業員数の合計です。そしてこの数値こそが、今回のシフトにおける**稼働する従業員数の合計値になり、この値を最小化することが稼働リソースの最小化に繋がり、今回の最適化で成し遂げたい**ことになります。

━━ 取り扱うデータの確認（制約条件）

最後に制約条件です。これは**曜日ごとに稼働する従業員数が、曜日ごとに必要な稼働従業員数以上になっているか？**という条件でした。

結論としては、各曜日の稼働従業員数の合計を示すセルD14〜J14と、各曜日の必要な従業員数を示すセルD15〜J15を比較して、前者が後者の数値以上となっているかを判断します。たとえば月曜日の制約条件としては、セルD14≧セルD15（[図6-3-5]の黒四角枠部分）になっているかどうか、と判断すればよいわけです。

■ 制約条件を定義する［図 6-3-5］

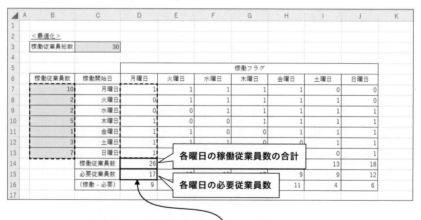

ここで、各曜日に稼働する従業員数の計算ロジックを、もう少し深掘りしておきましょう。まず、（今回の変数である）勤務パターンごとの稼働従業員数と曜日ごとの稼働従業員数というのは、異なるものになります。

　たとえば月曜日の稼働従業員数というのは、どのように計算されうるでしょうか。それは勤務パターンの中で、月曜日に勤務が発生する以下の5パターンにおける稼働人数の合計値である、と考えられます。

- 月曜日から金曜日まで勤務するパターン
- ~~火曜日から土曜日まで勤務するパターン~~（月曜日は稼働しない）
- ~~水曜日から日曜日まで勤務するパターン~~（月曜日は稼働しない）
- 木曜日から月曜日まで勤務するパターン
- 金曜日から火曜日まで勤務するパターン
- 土曜日から水曜日まで勤務するパターン
- 日曜日から木曜日まで勤務するパターン

　そして、実は先ほど定義したセルB7～B13の勤務パターンごとの稼働従業員数と、セルD7～D13の0／1の値を用いて、月曜日の稼働人数を［図6-3-6］のように計算できます。

■ 月曜日に稼働する従業員数の計算イメージ［図6-3-6］

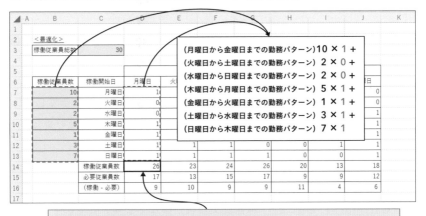

つまり、月曜日に稼働しない勤務パターン（火曜日から土曜日まで、水曜日から日曜日までの勤務パターン）は、すでにセルD8、セルD9に0＝稼働しないと定義されているので、**セルB7〜B13の勤務パターンごとの稼働従業員数と、セルD7〜D13の月曜日に稼働するかどうか（0／1）という配列をかけ合わせれば、月曜日に稼働する従業員数を計算できる**ということです。

　そして、これはSUMPRODUCTという、**引数として定義した配列に対応する要素の積（かけ算）を合計した値を返す関数**で簡単に計算できます。

- 月曜日の稼働従業員数 = SUMPRODUCT($B$7:$B$13, D7:D13)

　あとは火曜日から日曜日まで同様に計算することで、［図6-3-5］の各曜日の稼働従業員数の合計（セルD14〜J14）を算出できます。

　一方で、各曜日の必要従業員に関してはそれぞれの曜日で、最低何人の従業員に稼働してほしいかという業務要件になるので、何かしら**事前に埋めておくべき定数**になります。今回は、特に主だった要件や前提などは置いていないので、ひとまず暫定的にテキトウな値として定義してあります。実際には、曜日ごとの需要や仕事量に応じて、しっかりと必要な人数を把握して要件として加えておくことが必要になります。

■ 従業員が少なすぎるとどうなるか？

　さて、これで最適化の準備が整いました。いきなり最適化をする前に、仮に最適化がうまくできなかった場合、どのような状態になるかを少し見て、最適化後の効用をイメージしやすくしておきましょう。

　まずは今回最適化対象となる変数である勤務パターンごとの従業員数が少なすぎる場合、どういった状況になるでしょうか？ Excelではセル B19〜J33に相当し、［図6-3-7］に同様の情報を図示しています。

　もし変数としての勤務パターンごとの従業員数が少ない場合、（当たり前ですが）結果として、各曜日に稼働する従業員数が少なくなります。すると、セルC31〜J31の（曜日ごとの）稼働従業員数が少なくなり、セルC32〜J32の（曜日ごとの）必要従業員数を下回る曜日が出現してしまいます。セルC33〜

J33の"(稼働 – 必要)"の値がマイナスになっている部分が、その状態に相当します。

　今回の例では、月曜日（– 5）、火曜日（– 4）、水曜日（– 6）、木曜日（– 7）、日曜日（– 1）が、必要な従業員数が足りていない曜日に相当します。この状態では最適化として制約条件を満たしておらず最適解には当然なりえないし、実務上はこれでは従業員数が足りず、業務を回すことはできなさそうです。

■ 従業員数が少ない場合 [図6-3-7]

稼働従業員数	稼働開始日	稼働フラグ						
		月曜日	火曜日	水曜日	木曜日	金曜日	土曜日	日曜日
2	月曜日	1	1	1	1	1	0	0
1	火曜日	0	1	1	1	1	1	0
1	水曜日	0	0	1	1	1	1	1
4	木曜日	0	0	0	1	1	1	1
1	金曜日	1	1	0	0	1	1	1
3	土曜日	1	1	1	0	0	1	1
2	日曜日	1	1	1	1	0	0	1
	稼働従業員数	12	9	9	10	9	10	11
	必要従業員数	17	13	15	17	9	9	12
	(稼働 - 必要)	-5	-4	-6	-7	0	1	-1

＜初期値1＞ ※稼働従業員が少なすぎるパターン
稼働従業員総数 14

稼働従業員数の割当が少ないと、必要従業員数を満たせない…

従業員が多すぎるとどうなるか？

　続いては先ほどの逆で、勤務パターンごとの従業員数が多い場合はどうかを見てみましょう。Excelではセル B36〜J50に相当し、次ページの［図6-3-8］に同様の情報を図示しています（これはセル B2〜J16部分の初期値状態と同様のデータとなっています）。

　もし変数としての勤務パターンごとの従業員数が多い場合は、先ほどとは逆にセルC48〜J48の（曜日ごとの）稼働従業員数が十分に割り当てられているので、セルC49〜J49の（曜日ごとの）必要従業員数をすべての曜日が上回って

います。セルC50〜J50の "(稼働−必要)" の値がすべてプラスになっていることからもその様子が見てとれます。

一方で、従業員数が多すぎることで今回最小化したい稼働する従業員数の総数（セルC37の "30" 部分）が、少し多すぎる状態になっている可能性があります。これはどの値が最適値か今の段階ではわかっていないため、明確にこの人数がNGであるとまでは断定はできないことに注意が必要です。現状の30という数値も、それが多すぎるか妥当かまでの明言はできないことに注意しましょう。

したがって、後ほど実際に最適化を施した際にそのときの最適解と比較して、今の状態がどの程度従業員数が多い状態かということが、しっかりとわかるでしょう。

■ 従業員数が多すぎる場合［図6-3-8］

	A	B	C	D	E	F	G	H	I	J	K
35											
36		<初期値2>	※稼働従業員が多すぎるパターン								
37		稼働従業員総数	30								
38											
39				稼働フラグ							
40		稼働従業員数	稼働開始日	月曜日	火曜日	水曜日	木曜日	金曜日	土曜日	日曜日	
41		10	月曜日	1	1	1	1	1	0	0	
42		2	火曜日	0	1	1	1	1	1	0	
43		2	水曜日	0	0	1	1	1	1	1	
44		5	木曜日	1	0	0	1	1	1	1	
45		1	金曜日	1	1	0	0	1	1	1	
46		3	土曜日	1	1	1	0	0	1	1	
47		7	日曜日	1	1	1	1	0	0	1	
48			稼働従業員数	26	23	24	26	20	13	18	
49			必要従業員数	17	13	15	17	9	9	12	
50			(稼働 - 必要)	9	10	9	9	11	4	6	
51											

稼働従業員数の割当が多すぎると、稼働従業員総数が多すぎる？

従業員数を最小化する最適シフトを求める

さて、いよいよExcelのソルバー機能を使って最適化を実施してみましょう。ソルバーを開いて以下のように設定します。ソルバーのパラメータは［図6-3-9］に記載しています。

1 「全勤務パターンの稼働従業員数の合計」を目的関数とするために、[目的セルの設定]にセルC3を絶対参照で指定します（[目標値]は[最小値]とする）❶。

2 次に、[変数セルの変更]に、変数である「勤務パターンごとの稼働従業員数」に該当するセル範囲B7:B13を絶対参照で指定します❷。

3 [制約条件の対象]の[追加]ボタンをクリックし、ダイアログボックスを操作し、以下の制約条件を追加します❸。

● 曜日ごとの稼働従業員数が、曜日ごとの必要従業員数以上となるように、「$D$14:$J$14 >= $D$15:$J$15」を追加

● 勤務パターンごとの各変数が整数となるように、「$B$7:$B$13 = 整数」を追加（整数は[int]を選択）

4 対象変数を非負とするために、[制約のない変数を非負数にする]にチェックを入れます❹。

5 [解決方法の選択]で[GRG非線形]が選択されていることを確認し❺、

6 [解決]ボタンをクリックし、最適化を実行します❻

今回は、変数である勤務パターンごとの従業員数が**整数でありかつ非負数**である必要がありました。整数であるという制約は、[制約条件の対象]で追加できます。上記 3 の2番目に記載のとおり、対象とするセルを整数（int）である、と指定すればよいです。

一方で少しややこしいのですが、非負数であるという制約条件は、上記の 4 のように、[制約のない変数を非負数にする]というチェックボックスで制御できるようになっています。これはソルバーの使い方問題なので、些末な点ではありますが、気をつけるようにしておきましょう。

■ Excel ソルバーによって最適化する [図6-3-9]

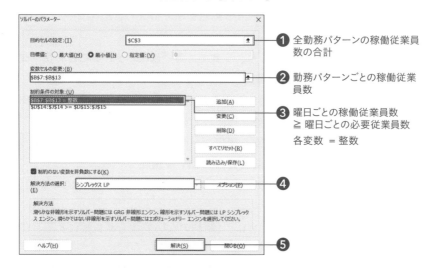

① 全勤務パターンの稼働従業員
数の合計

② 勤務パターンごとの稼働従業
員数

③ 曜日ごとの稼働従業員数
≧ 曜日ごとの必要従業員数

各変数 = 整数

④

⑤

　なお、これまで解決方法（最適化アルゴリズム）を［GRG非線形］としていた
ので今回も同様としていますが、今回は目的関数の式が線形になっている
ため、［シンプレックス LP］でも解けます（［シンプレックス LP］のほうが高速に
解けるはずです）。今回は、（問題の規模も小さく）そこまで大きな違いはないため、
どちらを選択しても構いません。

　さて、最適化した結果を確認しておきましょう。最初の確認ポイントとし
ては、変数であるセル範囲 $B$7:$B$13 が変わっているかどうか（［図6-3-10］
左側の赤枠部分）を確認しておきたいです。なお、今回は制約条件のとおり、
変数の値がきちんと整数、かつ非負数になっているかどうかも確認しておき
ましょう。

　また、目的関数のセル $C$3 がより小さな値になっている（［図6-3-10］上部の
赤枠部分）かどうかも確認しておきましょう。今回は、初期値にある程度大き
な値となるようにしているため、最適化によってより小さな値になっている
はずです。

　また、制約条件である曜日ごとの稼働従業員数が、曜日ごとの必要従業員
数以上になっているかどうか（［図6-3-10］下部の赤枠部分）、という点もしっか
りと確認しておく必要があります。これらの項目がクリアになっていたら、

最適化ができているでしょう。

■ 最適化後の結果［図 6-3-10］

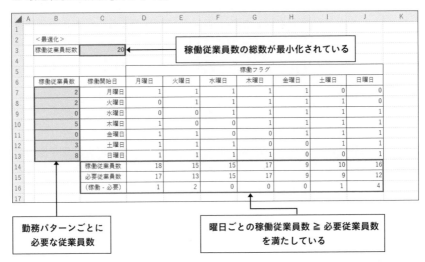

［図6-3-10］のとおり稼働従業員総数は20名になっています。［図6-3-8］のときは30名だったので、10名分の稼働人数を減らすことができた、と捉えられるでしょう。実務においては（今回は演習の例であるため少々極端な変化量ですが）**業務コストの削減が期待**できそうです。

　なお今回は、最適解が複数存在しています。したがって、目的関数値は20名になるはずですが、変数部分である勤務パターンごとの稼働従業員数（セルB7～B13）は、人によって異なっている可能性があります。目的関数が最小値となる最適解が複数存在することはしばしばあるので、このように最適化の実施によって結果が異なるケースも存在します。

　技術的には、初期値によって異なる部分を制御することで最適化結果に同一性を持たせる処理を追加する必要があります。しかし細かい話になるので、今回は**最適解が複数ある場合は、異なる結果が得られる可能性がある**、ということを頭に入れておけば十分でしょう。

制約条件が多くて
最適解が見つからない場合の対処法

　本章でも少し述べましたが、制約が多すぎて、稼働人数の最小化や稼働量のばらつきの最小化といったことが、そもそもできる見込みがなく、**少しでも多くの制約を満たすようなシフトが組めさえすればよい**、という場合、どうすればよいのでしょうか？

　というのも、通常の最適化の問題設定だと、制約条件をすべて満たす変数の値の組み合わせが存在しない場合、**実行不可能（Infeasible）** という結果になってしまいます。これは**「解なし」**という状況であり、**何も結果が出力されない状況**に陥ってしまいます。これを回避するためには、**制約条件を満たさない場合でも、解を出力する**ように、最適化の定式化を工夫する必要があります。この考え方はかなり複雑なので、ここではわかりやすいコンセプトとして紹介しましょう。

　よくあるアプローチの1つは、**"制約条件が満たされない度合い"を目的関数として表現してしまい、それを最小化する**という考え方です。制約条件Aを満たしていなければペナルティ+1、制約条件Bを満たしていなければペナルティ+2、といった形で定義し、できるだけ制約条件を満たしているほうがペナルティのスコアが小さくなる、という目的関数の設計方法です。これによって、仮にすべての制約条件を満たしていない場合でも、最適解が出力されます。この最適解は、一部の制約条件は満たしていないけれども多くの制約条件は満たしている、といった結果になるので、ベターな解と考えられるでしょう。

　制約条件の中にも、必ず守らなければならない制約もあれば、もし可能であれば守ってもらえるとうれしいという程度の制約など、優先度が異なることがあるでしょう。それがわかれば、この制約条件を守らなければペナルティとして+100、この制約条件は守れなくともペナルティ+1にする、といったイメージで、**ペナルティに重みをつけて目的関数を設計する**ことで、シフト管理者にとってベターな解が見つけられる可能性が高まるでしょう。

Chapter

7

観光ルートを
最適化して、
移動距離を最小化しよう

この章で学ぶこと

　ついに最後のChapterとなりました。このChapterでは、どの観光地にどの順番で訪れるか？という**観光ルートを最適化することで、移動距離を最小化する**ケースを考えていきましょう。最後ということもあり、(個人的な感覚では)今まででいちばん難しい最適化問題のケーススタディになっているかと思います。しかしこれまで学んできた皆さんであれば、しっかりと理解ができるはずです。それでは、一緒に問題を解いていきましょう。

■ 本書の全体像［図 7-0-1］

Chapter1 数理最適化の導入	→	**Chapter2** 数理最適化における基礎知識

連続最適化

Chapter3 事例 1 商品価格の最適化
Chapter4 事例 2 広告媒体の予算配分の最適化
Chapter5 事例 3 金融資産の投資比率の最適化

組み合わせ最適化

Chapter6 事例 4 シフトスケジュールの最適化
Chapter7 事例 5 ルートの最適化

Chapter7でわかること

☑ ルート最適化に関する問題設定

☑ 巡回セールスマン問題を Excel ソルバーで解く

1

課題
発見

観光地を訪問する
ルートを最適化しよう

━━ とある旅行先での観光における課題を考えてみよう

　本Chapterでは、「ルート最適化」というトピックを取り扱います。後ほどのSectionでも取り上げますが、このトピックは物流業界などさまざまなケースでの活用が考えられます。今回は多くの皆さんのイメージがしやすいように、日常生活に近いケースを想定してみましょう。

　とある観光客は近日中に、行ったことのない場所へ観光に行くことを考えています。そこにはいくつかの名所があり、それらすべてを訪問したいと思っています。しかし観光時間も限られているので、できるだけ短い時間ですべての名所を訪問したいという要望があります。

　そこで、**観光地各所の移動経路を最適化し、すべての地点を巡る際の総移動距離を最小化**するための最適化問題を解くことにしました。なお観光という観点から、ただ移動距離を最小化するだけではなく、下記のような点にも考慮したいとします。

- ある観光地点は、見たいイベントが開催される時間帯があるため、この時間帯に訪問したい
- この観光名所は、関連する違う名所を見て、その次に訪問したい
- この時間帯は休憩や仕事をしたいので、すぐに次の観光地点への移動はしないで、○○時間くらい滞在したい
- …

　これまで学んだとおり、最適化問題の実務ではこのようなリアルな要件を"制約条件"として落とし込む必要があります。しかし、ルート最適化においてこれらの制約を取り込むには、少々難しい理論を理解する必要があります。そのため今回はこういった要件を考慮に入れず、できるだけシンプルな問題設定として考えていきましょう。

後ほど詳細に定義していきますが、このSectionでも簡単に見ておきましょう。今回は、主に以下を満たす観光ができればよいとしましょう。

- 訪問したい観光地点をすべて訪問する
- 訪問する観光地点はそれぞれ1回の訪問とする
- スタート地点（たとえば滞在先ホテルなど）から出発し、最終的には同じスタート地点に戻ってくる
- 目的は、あくまで"合計の移動距離が最小となるような訪問経路"を見つけることとする

　これらは、ルート最適化問題の一種である"巡回セールスマン問題"の要件と同じものです（212ページで後述）。今回はイメージしやすいように観光地点の訪問経路の最適化としていますが、本ケースを理解できれば、巡回セールスマン問題のやりたいこと・解き方の一部を理解できるでしょう。
　巡回セールスマン問題などのルート最適化は研究が進んでおり、理論的・数学的な知識をふんだんに活用して、さまざまな条件や目的関数を定義していくことが多いです。ただし本書では"数式などをあまり用いずに、わかりやすく"紹介していきましょう。

■ 観光ルートを最適化し、移動距離を最小化する［図 7-1-1］

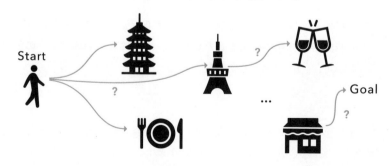

観光地各所間の移動経路を最適化して、移動距離の最小化をしたい！

2 [問題設定] 観光ルートを数理最適化の問題に落とし込む

━━ ルート最適化とは？

　今回の問題は、数理最適化の世界で**「ルート最適化」**といわれる分野に相当します。

　ルート最適化は、一般的には**「訪問先を回る際に『どの車両が・どういった順番で・どの地点に』訪問するのが最適なルートかを算出する問題」**と定義できます。

　たとえば、ルート最適化が全然できていない状態は［図7-2-1］の左側のような状態と考えられるでしょう。一方で、ルートが最適化されていそうなのが、右側の状態ではないかと考えられます。

■ ルート最適化とは［図7-2-1］

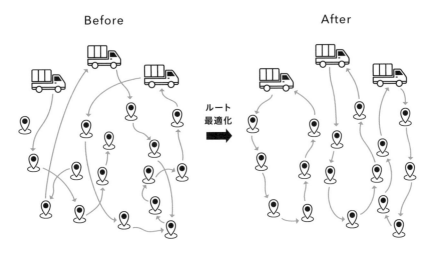

Before　　　　　　　　　　　　　　　　　After

ルート最適化 ➡

　いくつかの車両といくつかの訪問先が存在し、各車両がどういった順番でどの地点に訪問するのかが、まさに"ルート"として示されています。［図7-2-1］の左側は、各車両が訪問する地点やその順番が最適化されていない

ため、よくないルートになっていそうです。何がよいかは定義によって変わりますが、1つの考え方としては**"移動距離の短さ"**があります。合計の移動距離が短ければよいルートであり、長ければ悪いルートであると定義すれば、図の左側は悪いルートであり、右側は合計の移動距離が短くなっていそうなので、よいルートと考えられそうです。

　もちろんただ移動距離を短くできればよいわけではなく、さまざまな制約条件を加味しなければならないでしょう。ルート最適化において主にどういった制約条件があるかは、後ほど詳しく紹介します。

■■ ルート最適化のさまざまな活用事例（物流｜配送）

　ルート最適化は今回のケースである観光だけではなく、非常に多くの業界・分野で実際に適用されていたり、適用可能性が模索されていたりします。そこで具体的なルート最適化の問題設定に入る前に、いくつかの事例を紹介しておきましょう。

　まずはやはり物流業界でしょう。一言で物流業界といっても、倉庫における受注管理・流通加工・荷役・輸送／配送・返品作業など、多岐にわたる業務が存在します。その中でも配送業務は、文字どおり**配送ルートの最適化として数理最適化の適用可能性が高い領域**です。実際に筆者も配送業務におけるルート最適化のアルゴリズム開発やその業務適用を経験したことがあります。この分野は、事例や研究論文が多い印象です。

　この物流における配送業務の中でも、ルート最適化が適用できる場面はいろいろあります。それは、**どの場所からどの場所へ配送するか？**という点で考えると、わかりやすいでしょう。［図7-2-2］を見てください。

　物流における商流をわかりやすく図示しています。最初は、たとえば農地や製造地といった、モノが作られる地点から始まります。ただし、ここから直接私たち消費者の家に届くわけではありません。本書は物流を紹介する書籍ではないので詳細は割愛しますが、最初は倉庫や集出荷施設に届けられます。物流における最初の配送という意味で、この部分はよく**「ファーストマイル」**と呼ばれます。このファーストマイルでの配送の効率化という観点から、ルート最適化の適用可能性が考えられます。トラックなどの車両が、ど

ういった農地を経由して生産物を載せて、どのような順番で集出荷施設に訪問するか？といった問いは、ルート最適化によって解けそうです。

■ 配送業務におけるルート最適化 [図 7-2-2]

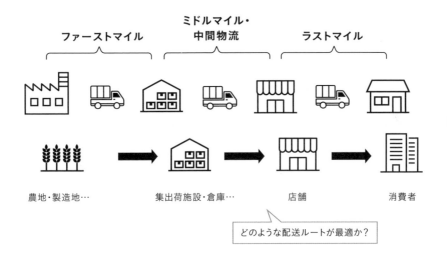

　続いては、その集出荷施設や倉庫から店舗などに配送される場面です。中間地点の物流業務であることから、この部分を**「中間物流」や「ミドルマイル」**と呼びます。倉庫から直接消費者に届けられることもありますが、消費者の家は非常に多いので、一度配送拠点や店舗などを経由して届けられるのが普通でしょう。ファーストマイルと同様に、**倉庫から店舗への配送部分を、ルート最適化によって効率化**できそうです。大まかな要件はファーストマイルと同じはずなので、ファーストマイルのルート最適化をミドルマイルに直接適用できるのではと考えた人も多いでしょう。たしかに直接適用できることもあるかもしれません。しかし届け元や届け先、それらを遂行する業者や彼らの業務などが異なってくるため、細かい制約条件がいろいろと異なります。したがって直接横展開できることは稀で、それぞれに合ったルート最適化の問題設定を考える必要があるでしょう。

　最後は店舗（または倉庫や集出荷施設）から私たち消費者の家へ配送される部

分です。これはイメージがつきやすいのではないでしょうか。この部分は物流における最終地点に繋がるので**「ラストマイル」**や**「ラストワンマイル」**などと呼ばれます。特に消費者の家はここまでの商流と比べると届け先が圧倒的に多くなるので、配送効率化の余地がとても大きい部分です。したがって、ルート最適化によってより短時間で多くの家へ配送できるということが、大きなビジネスインパクトに繋がる可能性があるでしょう。

■ ルート最適化のさまざまな活用事例（物流 | 倉庫内）

　同じく物流における活用事例ですが、今度は配送以外の文脈にも着目してみましょう。たとえば物流拠点の1つである非常に大きな倉庫をイメージしてください。倉庫内ではいろいろな業務が発生しているはずですが、その1つとして、多くの従業員が多くの荷物を移動させる仕事があります。搬入された荷物を出荷するための搬出先へ移動させたり、あるいは流通加工するために移動させたりといった倉庫内での荷物移動が考えられます。これはまさに移動ルートという概念として捉えられそうです。つまり**倉庫内の運搬作業において、どのような移動経路＝動線が最適かを解ければ、移動効率が最大化されて、短時間でより多くの運搬作業を遂行**できそうです。

　たとえば運搬時にフォークリフト（荷物の積み込み・荷降ろしなどに用いられる産業車両）を利用して運ぶのであれば、一度の移動で運べる最大のダンボール数に制限があるでしょう。その場合は**1回の移動で運べる荷物の上限数という制約条件**を加味しながら、移動経路を最適化する必要があります。ほかにもさまざまな制約条件があるはずです。それらの制約条件をクリアしながら、どの車両（運搬作業者）がどのような移動経路、動線で移動するのが最適かを算出することが求められます。

■ 倉庫内移動におけるルート最適化 [図 7-2-3]

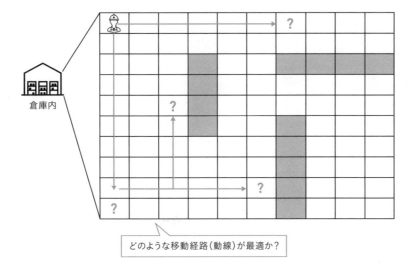

どのような移動経路 (動線) が最適か?

ルート最適化のさまざまな活用事例 (営業)

　ルート最適化の主な活用先である物流業界以外にも、少し目を向けておきましょう。1つは、営業スタッフの訪問営業における活用が考えられます。たとえば新規開拓のため、あるいは取引実績のある既存顧客ケアのため、顧客 (顧客候補) 先へ営業訪問していく必要性を考えてみましょう。

　近年は新型コロナの影響などもあり、オンラインでの営業も進んでいますが、当然オフライン (対面) での訪問営業の必要性もあるでしょう。今回は後者の対面での訪問営業を想定します。

　1日に1～2箇所しか訪問しないのであればそこまで気にする必要はないかもしれませんが、1日にさまざまな営業スタッフが分担して、数多くの顧客を訪問する必要がある場合はどうでしょうか。前述した物流における配送業務と同様に、**各営業スタッフに適切な訪問先を割り当て、営業スタッフ個々人が効率的なルートで営業訪問をすることで、1日でより多くの顧客を訪問**できそうです。

■ 訪問営業におけるルート最適化［図 7-2-4］

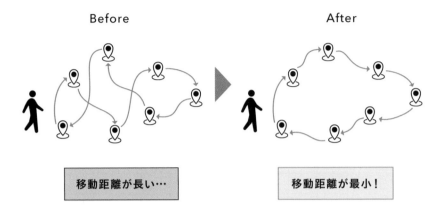

多くの場合は配送業務と同様に、営業スタッフの総移動距離を最小化することが最適化のゴールに思えます。しかし、ただ移動距離が最小になればよいのでしょうか。この顧客は何時から何時の間に訪問する必要がある、この顧客は（打ち合わせが長引く可能性があるから）最後に訪問したい、といったさまざまな要望＝制約条件が存在するはずです。それらの制約条件をうまく加味しながら、訪問営業のルートを最適化する必要があります。

この営業スタッフによるルート最適化は、つまり"セールスマン"によるルート最適化ということで、実は先ほど述べた「巡回セールスマン問題」に繋がっていきます。巡回セールスマン問題は、ルート最適化における問題設定の1つをわかりやすくネーミングしたものになるため、この訪問営業におけるルート最適化に近い話になります。昨今では営業の担当者について「セールスパーソン」といった呼び方がされますが、数理最適化では「巡回セールスマン問題」という言い方で定着しているため、本書では「巡回セールスマン問題」と呼びます。

なお、この"セールスマン"というのはあくまで名前づけのための例であって、訪問営業であればすべて巡回セールスマン問題に紐づけて考えられるというわけではありません。逆にいえば、訪問営業ではないまったく別の分野の問題が巡回セールスマン問題として考えられることもありえます。

巡回セールスマン問題にはある程度明確な定義があるので、後ほどのSectionで詳しく見ていきましょう。

ルート最適化のさまざまな活用事例 (観光)

最後は、今回のケースと同じなので簡単な紹介にとどめますが、観光などにおけるルート最適化の適用事例です。観光地において、巡りたい地点が多くある場合は、**どのような順番で訪問すればよいか？という観光ルートを最適化することで、移動距離を最小化**して、短時間で多くの観光地を巡れるでしょう。

■ 観光ルートにおけるルート最適化 [図 7-2-5]

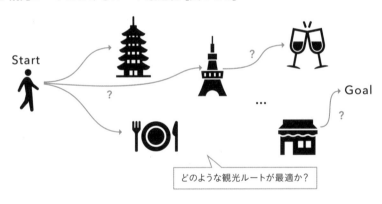

どのような観光ルートが最適か？

観光とは少し違いますが、テーマパークでどのアトラクションにどの順番＝ルートで回ればよいかというのも、観光ルートの事例と似たケースと考えられるでしょう。

巡回セールスマン問題 (Traveling Salesman Problem、TSP) とは？

ここまではビジネスや身近な事象におけるルート最適化の活用事例を紹介してきましたが、ここからはより数理最適化の文脈に沿った話をしていきましょう。一言でルート最適化といっても、前Chapterのシフトスケジュール

最適化と同様にさまざまな問題設定が考えられます。それらを紙上で網羅するのは難しいですが、今回はルート最適化の中でもよく知られている**「巡回セールスマン問題」**と**「運搬経路問題」**について、その概要を紹介します。そのあとでルート最適化において一般的に考えられる主な変数・目的関数・制約条件を紹介し、今回のケースにおける定式化（変数・目的関数・制約条件の定義）という流れで話を進めていきます。

　まずは、先ほどから名前を挙げている巡回セールスマン問題について説明しましょう。**巡回セールスマン問題（Traveling Salesman Problem）**は、その英語の頭文字を取ってTSPともしばしば呼ばれます。巡回セールスマン問題の定義は、［図7-2-6］に図示したように、一人または一組のセールスマンが、**いくつかの都市を1回ずつすべて訪問して出発点に戻ってくるときに、総移動コスト（主に距離）が最小になる経路を見つける問題**となります。

　この行為が、営業スタッフ＝セールスマンが、訪問営業先を巡回するようであることから、巡回セールスマン問題と呼ばれているわけです。ただ前述したように、問題が訪問営業である必要はありません。ここで定義した問題に相当すれば、それは巡回セールスマン問題であると捉えればよいのです。

■ 巡回セールスマン問題とは［図 7-2-6］

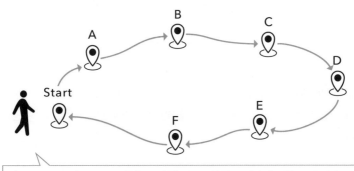

(セールスマンが)いくつかの都市を一度ずつすべて訪問して出発点に戻ってくるときに、総移動コスト(主に距離)が最小になる経路を見つける

　巡回セールスマン問題に相当する問題設定としては、たとえば以下のようなケースが考えられます。

- 1人の営業スタッフが、オフィスから出発して、いくつかの訪問先を1回ずつすべて訪問して、オフィスに戻ってくる際のルート最適化
- 1組の観光客が、ホテルから出発して、いくつかの観光名所を1回ずつすべて訪問して、ホテルに戻ってくる際のルート最適化
- 1組のテーマパークの客が、入り口から出発して、いくつかのアトラクションを1回ずつすべて訪問して、入り口に戻ってくる際のルート最適化
- ……

　また巡回セールスマン問題においては、必要な事前情報として、対象とする**都市（一般的には「地点」とも呼ぶ）の一覧と、各2都市間の移動コストが与えられることが前提**となります。"移動コスト"というのは、典型的には移動距離や移動時間です。あくまで巡回セールスマン問題は、この移動コストの情報を前提としたうえで、どのような順番で訪問すればよいかを解く形になります。

　仮に移動コスト＝移動距離とすると、要するにある地点からある地点までどのくらいの移動距離なのかをデータ化したもので、よく［図7-2-7］のように行列形式で表されます。これは、どこの行（From）からどこの列（To）という表において、対応する移動コストを行列内の値で表したものです。行列形式で示すことで、移動コストの情報を表しやすくなります。

■ 地点間の移動コストが必要となる［図7-2-7］

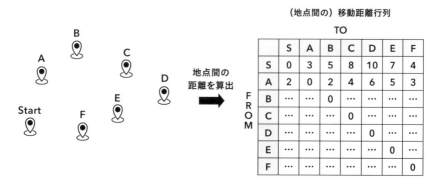

また、そもそもこの**移動コストをどのように取得するか**は重要な問題です。数理最適化の話ではありませんが、事前に手に入れておくべき情報なので、ルート最適化を解く際にセットとなる論点でしょう。

　いちばん簡単に取得できるのは、**訪問先の緯度経度から緯度経度同士の距離を計算する**方法です。距離については、データサイエンスの観点からはさまざまな定義がありますが、一般的にわかりやすいのは**2地点間の直線距離**でしょう。つまり訪問先の緯度経度がわかれば、各地点間の直線距離を移動コストとして定義できます。これは訪問先の住所に相当する情報さえあれば実現可能という意味では、（訪問先の住所がわからないということはまずないので）実質、追加情報はほぼなしで実現できるアプローチでしょう。

　ただし地点間の直線距離というのは実務上役に立たないことがよくあります。皆さんもイメージできると思いますが、直線上に川があったり、道路が通っていなかったりすれば、当然直線的な移動はできません。直線ではないほかの道路を用いて迂回的に移動する必要があります。

■ 直線距離では移動できない可能性がある［図 7-2-8］

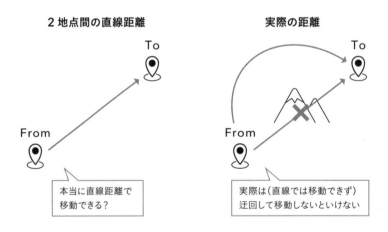

したがって**正確な地点間の移動距離を算出するためには、地図情報が必要**です。一方で、私たち個々人は地図情報を直接的には持っていません。そこでGoogle Mapやゼンリンといった地図情報サービスからデータを取得する

必要があります。このあたりは技術的な話になるので、あまり深掘りはしませんが、そのようなサービスが提供している**API**(Application Programming Interface) **を利用することで、地点間を車や徒歩で移動した際の移動距離や移動時間を取得**できます。このような形で、地点間の移動距離を取得し、その情報を前提として巡回セールスマン問題によるルート最適化を解くことになります。

━━━ 運搬経路問題(Vehicle Routing Problem、VRP)とは?

　巡回セールスマン問題は、ルート最適化の中では比較的シンプルな問題設定となっています。特に "ルートを移動する対象者 (セールスマン) が1人" なのがシンプルであると考えられる大きな点です。

　たとえば物流における配送業務では、配送する車両が1台しかないということは稀でしょう。複数の車両が複数の地点に配送することが想定されます。その場合は、巡回セールスマン問題ではなく**「運搬経路問題」**(Vehicle Routing Problem、VRP) として考えます。

　運搬経路問題とは次ページの［図7-2-9］に図示したように、(荷物の集荷や配達をするために) **複数の車両で複数の配送先を訪問し、その総移動コストが最小になる経路を見つける組み合わせ最適化問題**として定義されます。やりたいのは、移動コストが最小となる経路を見つけることなので、巡回セールスマン問題と変わりません。大きく異なるのは、巡回セールスマン問題は1台による移動なのに対し、運搬経路問題は複数台による移動を想定している点です。

　これにより、各移動先に関して、**どこからどこに移動すればよいか?という点だけではなく、どの車両がどこからどこに移動するか?という点まで最適化をしなければいけません**。この部分は、まさに最適化する際の変数に大きく影響を及ぼすので、後ほどのルート最適化における変数を紹介するSectionにて詳細に取り上げます。

■ 運搬経路問題とは［図 7-2-9］

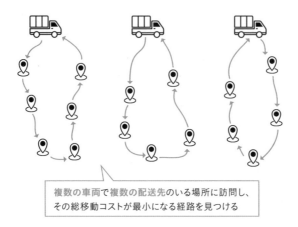

複数の車両で複数の配送先のいる場所に訪問し、
その総移動コストが最小になる経路を見つける

　またこれらの定義を踏まえると、巡回セールスマン問題（TSP）は1台の車両における問題であり、運搬経路問題（VRP）は複数台の車両における問題なので、**VRPはTSPを一般化した問題である**と考えられます。

■ VRP は TSP を一般化したものと考えられる［図 7-2-10］

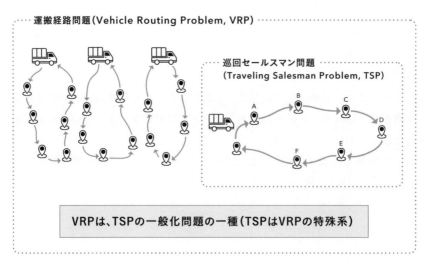

運搬経路問題(Vehicle Routing Problem, VRP)

巡回セールスマン問題
(Traveling Salesman Problem, TSP)

VRPは、TSPの一般化問題の一種（TSPはVRPの特殊系）

これは、VRPを解けるということはTSPも解けることを意味します。逆にいえば、**TSPはVRPの特殊系の問題**であるともいえます。したがって今回の（観光地のルート最適化の）ケースはTSP＝巡回セールスマン問題に相当するので、これが解けたからといって、VRPに相当する問題が解けることにはなりません。

　技術的な話になりますが、一般的な問題であるVRPのほうが、最適化の難易度がグッと上がります。そのため技術難易度の観点でも、もしTSPで解けるのであればTSPとして解いたほうがよいでしょう。ただし物流の配送業務などは、やはり複数の車両による配送が多いので、VRPによる問題設定となる可能性が高いです。その場合は、数理最適化によって解けるレベルの問題なのか事前にしっかりと確認・吟味する必要があります。

ルート最適化における変数を考える

　さて、ここまででルート最適化における主な問題である巡回セールスマン問題（TSP）、運搬経路問題（VRP）の2つを紹介しました。

　これらの情報をもとに、ルート最適化においてよく使われる主な変数・目的関数・制約条件を紹介していきます。これらのルート最適化の問題設定の全体像を把握することで、今回のケースでどういった変数・目的関数・制約条件とすればよいかがクリアになるはずです。まずは最適化する変数を見ていきましょう。

　先ほど紹介した巡回セールスマン問題の変数を考えてみましょう。ある人・車両が顧客を訪問していくことは、**どこからどこに移動するか (1)？・しないか (0)？** という0／1の2値変数として表せます。

　仮に次ページの［図7-2-11］のように、スタート地点（Start）と訪問先A～Fの合計7つの拠点があった場合、どこから（From）どこまで（To）という組み合わせ、計42通り（=7×7-7）の42個の変数を最適化する必要があります。もしStart→A→B→C→D→E→F→Startというルートが最適であれば、Start→A、A→B、B→C、C→D、D→E、E→F、F→Startの7つの変数が1、それ以外の変数は0となります。

■ 変数の例：どこからどこに移動するか？しないか？ ［図 7-2-11］

From	To	変数
S	A	1 (移動する)
S	B	0 (移動しない)
...	...	...
S	E	0 (移動しない)
S	F	0 (移動しない)
A	S	0 (移動しない)
A	B	1 (移動する)
...	...	...
A	F	0 (移動しない)
...	...	...

どこからどこに移動するか？しないか？

　一方で、運搬経路問題ではどうでしょうか。前述したように、1人・車両だけではなく、複数人・複数台による移動経路を考慮する必要があります。この場合、どこからどこまで移動するかという要素に加えて、対象となる人・車両ごとに、移動の有無を考えないとなりません。

　つまり［図7-2-12］のように、**各車両がどこからどこまで移動するか(1)？・しないか (0)？**という0／1の2値変数として考える必要があります。先ほどのように訪問先が合計7箇所の場合、対象車両が1台であれば42通りの移動の有無に関する変数でした。したがって、もし対象の車両が10台であれば、420(=42×10) 通りの変数を最適化する必要がある、ということになります。変数の数が増えるということは、その分最適化の難易度や計算コストが上がっていくため、**対象車両が増えるほど、より最適化に時間がかかったり、最適化の難易度が上がったりしてくる**でしょう。

■ 変数の例：各車両がどこからどこに移動するか？しないか？［図 7-2-12］

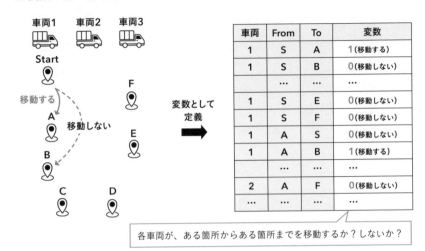

各車両が、ある箇所からある箇所までを移動するか？しないか？

ルート最適化における目的関数を考える

　変数に続いて目的関数についても考えてみましょう。典型的には今回の
ケースにおける目標のように、ルートを最適化することにより、**総移動コス
トを目的関数としてそのコストを最小化する**ことが考えられます。移動コス
トというのは、前述したように移動距離や移動時間といった定義が考えられ
ます。もし移動コストを移動距離とすると、どこからどこまで移動するか・
しないかといった変数の値の組み合わせと、地点間の移動距離の前提情報を
もとに、移動距離の合計値を算出できるでしょう。**その移動距離の合計値が
最小となる変数の値を求める**ことが、最適化によって成し遂げたいことにな
ります。

　移動距離が最小化すれば、当然ですがある地点までの移動時間が短くなる
ため、移動時間というコストの削減に寄与するはずです。また、少し間接的
ですが、もし移動距離が比較的長いケースであれば、**移動に際して必要と
なったガソリン代などの削減にも貢献**することが見込めるでしょう。

■ 目的関数の例：総移動コストの最小化 [図7-2-13]

From	To	変数
S	A	1 ?
S	B	0 ?
...	...	...
S	E	0 ?
S	F	0 ?
A	S	0 ?
A	B	1 ?
...	...	...
A	F	0 ?
...	...	...

あるパターン

移動距離
1,000

あるパターン

移動距離
100

総移動コスト（移動距離や移動時間）の最小化

　あるいは、運搬経路問題のように複数車両が最適化対象になっているケースだと、そもそも**稼働させる車両数を最小化**する設定もありえるでしょう。稼働する車両数が減れば、そのまま稼働コストの削減に繋がるからです。

　一方で、前Chapterのシフトスケジュール最適化と似ていますが、**移動コストのばらつきを最小化したい**、というニーズもあります。たとえば運搬経路問題において、すでに稼働させる車両数が決まっていて、それぞれの車両に紐づいて運転するドライバーがいる場合、彼ら**ドライバーの稼働時間が**（残業時間に偏りが出てほしくないなどの理由から）**できるだけ均等になるように配送経路を組みたい**といった要件もありえます。その場合は、単に配送経路を最短距離にしたいというよりも、もちろん配送時間はある程度短くしたい中で、**配送する車両（ドライバー）間の移動時間のばらつきを最小化したい**、ということが最適化の要件になってくるでしょう。

　ばらつきは、前述したとおり分散や標準偏差といった統計量で表せます。仮に移動コストを移動距離とすると、車両ごとに配送ルートの移動距離を算出すれば、全車両の移動距離に関して分散や標準偏差を計算できます。この指標を最小化することで、車両間の移動距離のばらつきが出ないようになるでしょう。

■ 目的関数の例：移動コストのばらつきの最小化 [図7-2-14]

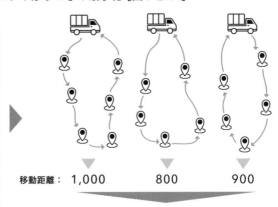

車両	From	To	変数
1	S	A	1？
1	S	B	0？
	...	...	...
1	S	E	0？
1	S	F	0？
1	A	S	0？
1	A	B	1？
	...	...	...
2	A	F	0？
...	...	...	...

移動距離： 1,000   800   900

移動距離のばらつき（標準偏差）： 100

車両間の移動コストのばらつきの最小化

ルート最適化における制約条件を考える

最後に、ルート最適化における制約条件を考えてみましょう。これは特に業務に紐づいてさまざまなものが考えられるので、すべてを網羅することはできませんが、ルート最適化において一般的に考えられる制約条件をいくつか紹介しましょう。

1つ目は当たり前に思えるような制約です。それは、**ある地点から次の地点に行く際に、次の地点は必ず1箇所である**ということです。ある人や車両が向かう次の地点が2地点以上になるのはありえないので、この条件は当たり前に思うかもしれませんが、何も制約を課さないとそういう現象が起きる変数の値になる可能性があります。次ページの [図7-2-15] のように、**地点間の移動の有無を行列形式で表す**と理解しやすいでしょう。行列における行が今いる地点（From）、列が次に向かう地点（To）を示しています。

FromからToに向かう際に、次のToは1つしかないので、行ごとに値を合計したら必ず1となるような制約条件を追加すればよいのです。[図7-2-15] の赤線部分でいえば、Start(S) 地点からはA地点のみに向かい、そのほかの地点には向かわないということが、変数の値から読み取れます。

この制約条件に関しては、後ほど今回のケースの問題設定を考える際に、もう少し詳細に見ていきます。

■ 制約条件の例：ある箇所から向かう次の箇所は1箇所 ［図7-2-15］

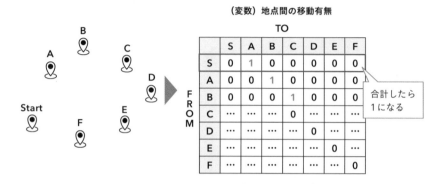

（変数）地点間の移動有無

		S	A	B	C	D	E	F
					TO			
F R O M	S	0	1	0	0	0	0	0
	A	0	0	1	0	0	0	0
	B	0	0	0	1	0	0	0
	C	…	…	…	0	…	…	…
	D	…	…	…	…	0	…	…
	E	…	…	…	…	…	0	…
	F	…	…	…	…	…	…	0

合計したら
1になる

> **ある箇所から向かう次の箇所は、必ず1箇所**
> **→ ある箇所から次の箇所までいくかどうかの変数の合計値＝1**

　次からは、物流の配送業務において考える必要がある制約条件を紹介します。有名なものの1つは、**配送時間の指定**でしょう。皆さんも自宅に届く荷物の配送時間を指定したことがあるのではないでしょうか。

　配送時間の指定がないこともありますが、届け先ごとにどの時間帯に配送してほしいという指定があるケースはイメージしやすいでしょう。その場合は、訪問先の時間指定を厳守する制約条件を追加する必要があります。それを加味することによって、移動距離だけを考えれば最初に行きたい訪問先が実は遅い時間指定であるため、最後に訪問するといったルートになる可能性があります。

　このような制約条件は物流だけでなく、観光においてこの時間帯に行きたい、営業においてこの顧客はこの時間帯に訪問したいといったケースでも適用できるでしょう。

■ 制約条件の例：配送時間の指定［図7-2-16］

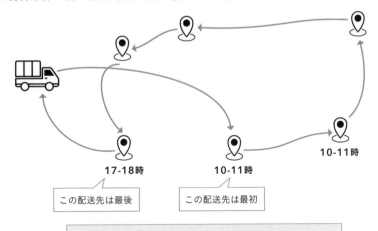

17-18時

10-11時

10-11時

この配送先は最後

この配送先は最初

訪れる先の時間指定（何時から何時まで）を厳守する

　少し発展的な話をしましょう。先ほど時間指定を"厳守する"制約条件を追加すると書きましたが、必ずしも厳守しなくてもよい場合も考えられます。たとえば必ず厳守しなければならないとすると、そもそもルートが見つからない＝最適化不可能となってしまった場合、困ってしまいますね。そこで、最適化不可能となるくらいであれば、指定時間から数分遅れる（遅配する）ことは許容するといった制約条件とすることも可能です。このあたりは制約条件だけではなく、目的関数もうまく操作しながら設計する必要があるので、技術的には結構難しいアプローチになります。しかしそのようなことができうることは、頭の片隅に入れておいてもよいでしょう。

　続いては**積載量**に関する制約条件です。特に物流・配送に関しては、1回の配送でできるだけたくさんの荷物を運びたいことが多いでしょう。しかし1台のトラックに積載できる量には制限があります。これはまさに制約条件に相当します。つまり、**各車両において積載量が上限値を超えないようにする**という制約条件を追加する必要があります。

■ 制約条件の例：積載量の上限値 [図 7-2-17]

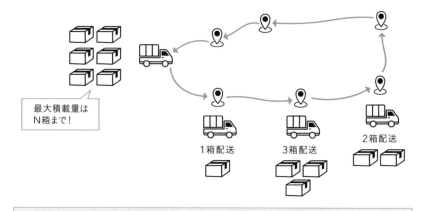

最大積載量は
N箱まで！

1箱配送

3箱配送

2箱配送

（何かを積み込む場合は）**各車両において、積載容量が上限値を超えないようにする**

　この場合、配送先ごとに何箱（ケース）を届けることとなるのか事前情報として定義しておく必要があります。また、仮に車両ごとに（形状が異なるなどの理由で）積載量の上限値が違う場合は、その情報も取得しておく必要があります。それらのデータから最適化を実施する必要があるでしょう。

　最後にもう1つだけ紹介しておきましょう。これも配送業務においてしばしば鑑みなければならない事案ですが、それは**ドライバーに対する制約や、彼らの能力値（ケイパビリティ）を加味する必要性**です。

　たとえばドライバーによって<u>勤務時間</u>が異なれば、この人は午前中だけしか配送できなく、この人は朝から晩まで配送できるといったことを考慮に入れる必要があるでしょう。また、ドライバーの**休憩時間も必要**です。ケースバイケースですが、たとえば連続してN時間配送をしたら1時間休憩を挟まなければならない、といった制約条件が考えられます。

　ほかにドライバーの能力値を考慮するケースもあります。たとえば新人はまだ配送業務に慣れていないので配送できる最大回数が少ないが、ベテランになるほど配送できる回数は多くなるといった制約条件も考えられます。またドライバーによって土地勘が異なるため、ドライバーごとに得意エリアを中心に割り振りたいといった制約条件を追加することもありえます。

■制約条件の例：ドライバー自体の制約や能力値の加味［図7-2-18］

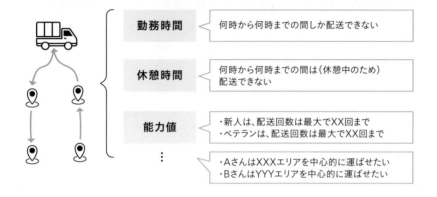

勤務時間	何時から何時までの間しか配送できない
休憩時間	何時から何時までの間は（休憩中のため）配送できない
能力値	・新人は、配送回数は最大でXX回まで ・ベテランは、配送回数は最大でXX回まで
⋮	・AさんはXXXエリアを中心的に運ばせたい ・BさんはYYYエリアを中心的に運ばせたい

　このような制約条件を設定するには、事前のデータ収集が重要です。たとえば日ごとやドライバーごとに勤務時間が異なるのであれば、勤怠管理システムと連携する必要があるかもしれません。また能力値に関しては、得てしてきちんとデータ化されていないケースも多いです。その場合は、どういった能力値をどのように考慮すればよいかを適切に定義し、そのために必要な情報を（特にヒアリングなどを通じて）取得するといった地道な作業が必要でしょう。

── 観光ルート最適化問題を定式化する（前提条件）

　さて、ここまででルート最適化における主な変数・目的関数・制約条件を紹介してきました。この全体感をもとに、今回のケースにおける問題設定、つまり定式化を試みましょう。

　まず今回の問題を振り返りつつ、この後のExcelによるハンズオンで取り扱うケースを想定しながら問題設定をします。今回はルート最適化の理解に重きを置きたいので、（リアルな世界と想定すると少し簡単な問題にはなってしまいますが）できるだけシンプルかつコンパクトな問題とします。特にルート最適化は、巡回地点が増えると定式化のボリュームが増えてきてしまうという背景もあります。

そこで今回は［図7-2-19］のように、**スタート地点から出発して、合計4箇所の観光地を移動距離が最小となる順番で巡り、スタート地点に戻る**という問題にしましょう。このとき移動距離が最小となるような観光ルートとはどういったものかを解きたいと思います。

■今回扱う観光ルート最適化問題［図7-2-19］

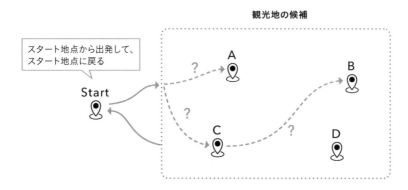

観光地の候補

合計4箇所の観光地を巡る際に、移動距離が最小化となる観光ルートを決めたい

さらに最適化の定式化の前に、前提情報が必要でしたね。今回のルート最適化を解くには、**観光地点間の距離**が必要になります。今回はスタート地点（S）に加えて観光地AからDの4箇所、合計5箇所間の距離がわからないとなりません。

そこで、地点間の距離をうまく取得し、［図7-2-20］のように定義できました。実務的には前述したように、地図情報サービスから距離を取得するか、それが難しければ地点ごとの緯度経度情報から直線距離などによって近似的に距離を定義するといった前処理作業が必要です。今回はルート最適化を解くことのみに焦点を当てたいので、これらの情報は入手済みという前提で話を進めていきましょう。

■観光地点間の距離を定義しておく［図 7-2-20］

（地点間の）移動距離行列

TO

距離行列	S	A	B	C	D
S	ー	6	5	5	2
A	6	ー	7	4	3
B	5	7	ー	3	9
C	5	4	3	ー	1
D	2	3	9	1	ー

（左端に縦書きで）**FROM**

観光地点間の距離行列を定義する

観光ルート最適化問題を定式化する（変数）

　それでは定式化に向けた問題設定に入っていきましょう。まずは最適化したい変数の定義です。今回は、**ある1人の観光客がどこからどこへ巡っていけばよいか？という問題なので、巡回セールスマン問題に相当**します。したがって今回の変数は、"各地点から各地点に、移動するか (1)？しないか(0)？"という0／1の変数として定義すればよさそうです。

　また、Start(S) 地点と観光地点A〜Dの4箇所、合計5地点による地点ごとすべての移動の有無を示したいので、全部で20(=5×5−5) 個の変数となります。最後に5を引くのは、自分自身への移動 (S→S、A→Aなど) は加味する必要がないためです。

　今回の観光ではAに2回訪問するといったことはせず、1箇所に1回の訪問をすればよいので、たとえば移動先 (To) がAになっている変数に関しては、1つの変数だけが"1"となり、そのほかは"0"になっていないといけません。このあたりは、まさに制約条件の部分でしっかりと定義していきましょう。

■今回の問題で、最適化したい変数［図7-2-21］

移動有無を示す変数

From	To	変数
S	A	1?(移動する)
S	B	0?(移動しない)
S	C	?
S	D	?
A	S	?
A	B	?
...	...	...
D	A	?
D	B	?
D	C	?

（最適化する）変数：
各地点から各地点に、移動するか？しないか？

なお、これら移動の有無を示す変数は［図7-2-21］の右側のように図示しましたが、これは前述した移動距離行列のように、From→Toの行列形式で表せます。

■移動有無を示す変数は、行列形式で表せる［図7-2-22］

移動有無を示す変数

From	To	変数
S	A	1?(移動する)
S	B	0?(移動しない)
S	C	?
S	D	?
A	S	?
A	B	?
...	...	...
D	A	?
D	B	?
D	C	?

行列形式で定義できる

TO

FROM	S	A	B	C	D
S	-	1?	?	?	?
A	?	-	0?	?	?
B	?	?	-	1	?
C	?	?	?	-	?
D	?	?	?	?	-

移動有無を示す変数は、移動有無行列の形で表すことができる

どの示し方でも本質的には変わりませんが、後ほどのExcelによる演習ではこの行列形式でも表しているので、［図7-2-22］の右側の形も覚えておきましょう。

さて、これらの変数があれば、どういった経路で観光地を巡るのかは漏れなく表せるので、移動の有無を示す変数があれば事足ります。しかし、制約条件の部分で後述しますが、**部分巡回路（サブツアー）を除外する制約を考慮する必要**があります。このために、（本質的にはなくとも問題ないが）追加しておくべき変数が存在します。それは、**各地点をどの順番で巡るか？という移動順番を示す変数**です。今回はA〜Dの４箇所を巡るので、それぞれの地点が何番目に訪問されるか？ということを示すための4つの変数が追加されるイメージです。

■移動順番を示す変数も追加する［図 7-2-23］

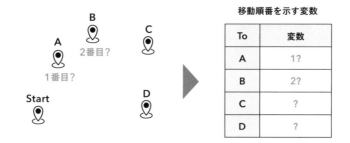

（最適化する）変数：各地点を、どの順番で巡回するか？

どこからどこへ移動するか？という変数さえあれば、スタート地点（S）からどこに移動するかを辿っていくことで、必然的に各地点が何番目に訪問されるかはわかります。そのためこれらの変数がなくてもよいのですが、部分巡回路除去制約をクリアするために必要な変数であるため、追加しておきます。

この部分巡回路除去制約というのは、少し数学的に難解なので本書では省略しますが、ひとまずはそういった制約が必要で、そのために移動順番を示す変数が必要なのだ、程度の理解で大丈夫です。

━ 観光ルート最適化問題を定式化する（目的関数）

　変数が定義できれば次は目的関数です。先ほど、ルート最適化には移動コストの最小化や移動コストのばらつきの最小化といった目的関数が存在すると述べましたが、今回は観光客も１人なので、シンプルに**移動コストを最小化する**ことを目指します。移動コストとしては、移動距離でも移動時間でも本質的な違いはありませんが、先ほど移動距離行列が与えられていたことから、今回は**移動コストを移動距離として定義し、総移動距離を最小化することを最適化のゴール**とします。

　総移動距離を求めるには、先ほど定義した地点間の移動有無を示す変数に加えて、地点間の移動距離が事前に必要となります。

■今回の問題で最小化したい目的関数 [図 7-2-24]

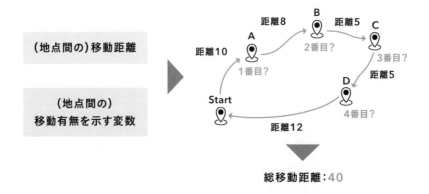

観光ルート最適化問題を定式化する（制約条件）

最後は制約条件です。今回必要となる制約条件は以下のとおり複数あります。1つずつ紹介していきましょう。

- 変数が非負整数であること
- ある箇所から次の箇所までいくかどうかの変数の合計値＝1
- 前の箇所からある箇所までいくかどうかの変数の合計値＝1
- 部分巡回路除去制約（Subtour Elimination Constraint）

制約条件｜変数が非負整数であること

これは前Chapterのシフトスケジュール最適化のときと同様です。まず今回は**組み合わせ最適化なので、変数は整数である必要**があります。加えて、**移動有無を示す変数は0／1の2値、移動順番を示す変数は1〜4の値なので、少なくとも非負値である必要**もあります。

■ 変数が非負整数である必要 ［図 7-2-25］

移動有無を示す変数

From	To	変数
S	A	―
S	B	0?(移動しない)
S	C	?
S	D	?
A	S	?
A	B	?
…	…	…
D	A	?
D	B	?
D	C	?

移動順番を示す変数

To	変数
A	1?
B	2?
C	?
D	?

制約条件：変数が非負整数であること

加えるならば、移動有無を示す変数は最小値が0で最大値が1、移動順番を示す変数は最小値が1で最大値が4、という制約も必要になりそうです。しかし、ここはほかの制約条件で満たすような定式化とします。

━━ 制約条件｜地点間移動に関する制約

　続いては以下2つに関する制約です。これらは、一見よくわからないかもしれませんが、地点間移動に関する制約です。

- ある箇所から次の箇所までいくかどうかの変数の合計値=1
- 前の箇所からある箇所までいくかどうかの変数の合計値=1

　まずは前者から見ていきましょう。［図7-2-26］を参考にしてください。**観光客がある地点にいた際に、次に向かう先は1箇所である必要**があります。当然に思えますが、忘れずに制約条件に加えないとなりません。これは先ほどの、移動有無に関する変数を行列形式にしたものを使えば理解しやすいでしょう。

　今いる地点をFrom、次に向かう先をToとすれば、Fromの1地点から次のTo地点候補というのは、［図7-2-26］の赤枠部分のように、Fromの位置に該当する1行分と考えられます。今いる地点がStart地点 (S) とすると、AからDまでの次の地点候補が存在し、それはSの行に相当します。そして、次の箇所は必ず1箇所なので、**この行の変数の値の合計は1になる**必要があります。これがまさに制約条件です。

　合計した際に0になると、どこにも行かないというアウトプットになってしまうのでNGです。もちろん1より大きくてもNGです。合計が1である必要があります。そしてこの制約条件があると、**必然的に、移動有無に関する変数は、0か1どちらかの値しかとらなくなります**。これで、0／1の2値変数であることを保証できました。

　そして、これはすべての行に対して適用されるべきなので、SからDまでの5行において、それぞれ各行における変数の値の合計が1になるという制約条件の定義が必要となります。つまり制約条件としては、5つ分の項目が

追加される形です。

■ ある箇所から次の箇所までいくかどうかの変数の合計値 =1 ［図 7-2-26］

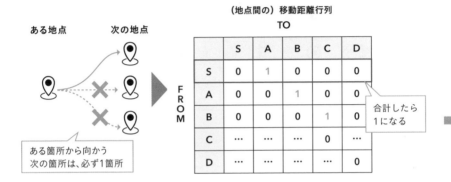

（地点間の）移動距離行列

TO

		S	A	B	C	D
F R O M	S	0	1	0	0	0
	A	0	0	1	0	0
	B	0	0	0	1	0
	C	...	...	...	0	...
	D	...	...	...	...	0

ある箇所から向かう
次の箇所は、必ず1箇所

合計したら
1になる

制約条件：ある箇所から次の箇所までいくかどうかの変数の合計値=1

またこの条件と同様に、前の箇所からある箇所までいくかどうかの変数の合計値=1という制約条件も考えられます。次ページの［図7-2-27］を参考にしてください。先ほどはある地点から次の地点を考えましたが、今いる地点より前の地点から今いる地点の繋がりを考えます。これについても、前の地点が複数存在し今の地点にいたることはありえないはずです。1人の観光客がひとつなぎの観光ルートで訪問するので、前の地点から今の地点に向かう際に、その経路は1つになっている必要があります。

これも移動有無に関する変数の行列を用いると、簡単に考られます。先ほどは"行"単位で考えていましたが、次は"列"単位で考えればよいのです。つまり［図7-2-27］の右側のようにFromのすべての地点から、今いるToの1地点を示すある列に関して、その列の変数の値の合計は必ず1になる必要があります。

この制約がすべての列に対して適用されるので、SからDまでの5列において、各における変数の値の合計が1になる制約条件が設定されます。

■ 前の箇所からある箇所までいくかどうかの変数の合計値 =1［図 7-2-27］

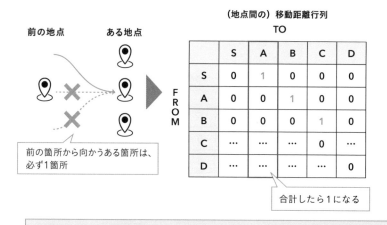

前の地点　　ある地点

（地点間の）移動距離行列
TO

FROM		S	A	B	C	D
	S	0	1	0	0	0
	A	0	0	1	0	0
	B	0	0	0	1	0
	C	…	…	…	0	
	D	…	…	…	…	0

前の箇所から向かうある箇所は、
必ず1箇所

合計したら1になる

制約条件：前の箇所からある箇所までいくかどうかの変数の合計値 =1

制約条件｜部分巡回路除去制約

　最後は、**部分巡回路除去制約**という制約条件です。この制約式の導出背景は少し難解なので、この制約の概要のみを伝えます。

　まず、そもそもこの"部分巡回路"とは何でしょうか。もし最適化できて、移動有無を示す変数の値が［図7-2-28］の左側のような結果になったとしましょう。変数の値はどれも0か1なので、最初の制約条件は問題なくクリアしていますね。また、各行・各列の値を合計すると、それぞれ合計の値は1になるので、先ほど定義した地点間移動の制約もクリアしていますね。

　それではこの結果で問題ないのでしょうか？　行列の状態だと少しわかりにくいので、変数の値が1の部分に着目して、スタート地点（S）からどういったルートになるかを描画したのが左側になります。するとどうでしょう。Start→A→B→Startとなっており、CとDを通らずに戻ってきてしまいました。一方のCとDに関しては、C→D→Cと、離れ小島のような状態になっています。つまりこの状態は、**一筆書きで全地点を訪問できない経路になっています。**

■ 部分巡回路（サブツアー）とは［図 7-2-28］

	S	A	B	C	D
S	0	1	0	0	0
A	0	0	1	0	0
B	1	0	0	0	0
C	0	0	0	0	1
D	0	0	0	1	0

制約条件は満たしていそう？

一筆書きで全都市を訪問することができないような経路に！

> **すべての都市を訪問していない部分巡回路（サブツアー）を排除しなければならない**

　このように巡回セールスマン問題では、**一筆書きの閉路を"ツアー"**と呼び、「地点A→地点B→地点A」のような、**すべての地点を訪問していないツアーを特に部分巡回路（サブツアー）**と呼びます。したがって巡回セールスマン問題では、これまでの制約に加えて**"すべてのサブツアーを排除する"という制約が必要**になり、このような制約を部分巡回路除去制約（Subtour Elimination Constraint）といいます。

　後ほどのExcelによる最適化で制約を加える必要があるので、どんな制約式かは、少し頭に入れておきましょう。

　まず先ほどの変数の定義ですでに述べましたが、移動の順番を示す変数が必要です。その変数に先ほどは非負整数の制約を加味しましたが、そのままでは10、100、1000といった値もとれてしまいます。ここでは"移動の順番"を示す変数となってほしいので、**最小値は1、最大値は全移動先の数**である必要があります。今回はA～Dの4地点なので、全移動先の数は4となります。そこで変数の値は1から4の範囲の値（1、2、3、4）という制約条件を追加します。

■ 移動順番を示す変数における制約［図 7-2-29］

移動順番を示す変数

最小値		To	D		最大値
1	≦	A	?	≦	4(全移動先数)
1	≦	B	?	≦	4(全移動先数)
1	≦	C	?	≦	4(全移動先数)
1	≦	D	?	≦	4(全移動先数)

制約条件：移動順番を示す変数の最小値・最大値

　次が部分巡回路を除外するための制約ですが、結論としては以下のような制約式を定義する必要があります。

Fromの移動順番－Toの移動順番＋全移動先数×移動有無≦（全移動先数－1）

　今回の全移動先数は4となるので、具体的には下記のような式となります。

Fromの移動順番－Toの移動順番＋4×移動有無≦3

　イメージを深めるために、［図7-2-30］にもう少し具体的な制約式を列挙します。上式は理解しやすくするため1つの式としましたが、From／Toの移動順番やFrom→Toの移動有無という項目があることからもわかるとおり、AからDの移動有無を示す全12通りのすべての変数に関して、この制約式を追加する必要があります。たとえばAからBへの移動に関しては、［図7-2-30］の表の一番上の式"Aの順番－Bの順番 ＋ 4×(A→Bの移動有無)≦ 3"という制約式となります。ここで、AorBの順番、A→Bの移動有無というのは変数に相当するので、最適化されれば何かしらの値が入ります。その際にこの制約式を満たすような変数の値にしてくださいね、ということを意味しています。

■ 部分巡回路除去制約［図 7-2-30］

From	To	移動有無	Fromの順番	Toの順番		【制約式】Fromの順番－Toの順番＋4×移動有無 ≦3
A	B	0/1	1〜4	1〜4	▶	Aの順番－Bの順番＋4×（AB の移動有無）≦3
A	C	0/1	1〜4	1〜4		Aの順番－Cの順番＋4×（AC の移動有無）≦3
A	D	0/1	1〜4	1〜4		Aの順番－Dの順番＋4×（AD の移動有無）≦3
B	A	0/1	1〜4	1〜4		Bの順番－Aの順番＋4×（BA の移動有無）≦3
B	C	0/1	1〜4	1〜4		Bの順番－Cの順番＋4×（BC の移動有無）≦3
B	D	0/1	1〜4	1〜4		Bの順番－Dの順番＋4×（BD の移動有無）≦3
C	A	0/1	1〜4	1〜4		Cの順番－Aの順番＋4×（CA の移動有無）≦3
C	B	0/1	1〜4	1〜4		Cの順番－Bの順番＋4×（CB の移動有無）≦3
C	D	0/1	1〜4	1〜4		Cの順番－Dの順番＋4×（CD の移動有無）≦3
D	A	0/1	1〜4	1〜4		Dの順番－Aの順番＋4×（DA の移動有無）≦3
D	B	0/1	1〜4	1〜4		Dの順番－Bの順番＋4×（DB の移動有無）≦3
D	C	0/1	1〜4	1〜4		Dの順番－Dの順番＋4×（DD の移動有無）≦3

制約条件：部分巡回路除去制約を満たす式

なぜこのような式になるのかは紙幅の関係から省略します。ひとまずは、サブツアーである部分巡回路を除去するために、［図7-2-30］に記載されている12個の制約式を追加しておけばよいのである、という解釈をしておけば大丈夫です。

ルート最適化問題を定式化する

ここまでの内容を整理する形で、今回のケースにおける定式化をしておきましょう。次ページの［図7-2-31］にその内容を記載しています。

まず最適化対象となる変数は、**地点間の移動有無、そして地点間の移動順番を示す変数**です。今回の問題はスタート地点（S）に加えてA〜Dの4地点が存在するので、地点間の移動有無は20（=5×5 − 5）通り、地点間の移動順番はA〜Dの4通りとなります。

また、**目的関数は移動距離の合計（総移動距離）**でした。これは［図7-2-31］の目的関数部分に記載しているイメージで、各地点から各地点へ移動す

るかどうかという0／1の値に、該当する地点間の移動距離をかけ合わせれば求めることができます。Chapter1で解説した泥棒の問題における合計価値の算出方法と同じですね。

　最後は制約条件です。1つには、対象となるすべての変数に関して、それらが非負値かつ整数である必要がありました。これは組み合わせ最適化問題という点からも説明がつきます。

　そして地点間移動に正当性を持たせるために、"ある箇所から次の箇所までいくかどうかの変数の合計値=1"、"前の箇所からある箇所までいくかどうかの変数の合計値=1" という制約条件が必要となります。これは前述したように、移動有無を示す変数の行列を使うと簡単に理解できました。後ほどのExcel実践演習では、行列を用いてこれらの制約条件をソルバーに追加していきます。

　制約条件の最後は部分巡回路除去に関する制約でした。これは記載すると長くなるので、"部分巡回路除去に関する"制約とまとめていますが、前述したような制約条件を追加すれば大丈夫です。

■ 最適化問題を定式化 ［図 7-2-31］

````
····[定式化]·····································································

最適化対象の変数：地点間の移動有無、各地点の移動順番

(目的関数)
Minimize ：総移動距離
              = StartからAへ移動するかどうか(0/1) × Start→Aへの移動距離
              + StartからBへ移動するかどうか(0/1) × Start→Bへの移動距離
              + DからCへ移動するかどうか(0/1)　　 × D→Cへの移動距離
              + DからStartへ移動するかどうか(0/1) × D→Startへの移動距離
(制約条件)
Subject to ： 各変数 ＝ 整数、かつ、非負数
             ある箇所から次の箇所までいくかどうかの変数の合計値=1
             前の箇所からある箇所までいくかどうかの変数の合計値=1
             部分巡回路除去に関する制約
````

3 | Excel 実践 | 移動距離を最小化する 最適ルートを求めよう

━ 取り扱うケースのデータの全体像を確認する

　ここまでの内容をもとに、Excelを使って実際に最適化してみましょう。まずは今回使用するExcelファイルに記載されている内容を整理しておきます。ダウンロードした「chap7_traveling_salesman.xlsx」ファイルを開いてください。[図7-3-1]のように今回使用する情報が記載されていますが、まずはそれらの定義を押さえます。

■ 今回使用するデータの一覧 [図7-3-1]

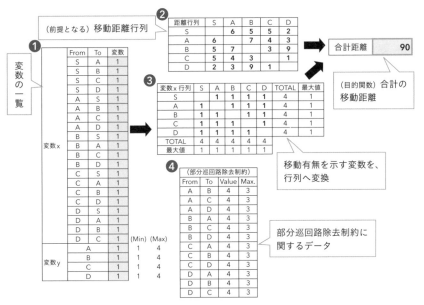

❶にあるのが、**地点間の移動距離行列**です。これは事前に取得した情報として考えておきましょう。

　続いて、❷にあるのは、**今回最適化する変数の一覧**です。"変数x"とあるのが地点間の移動有無を示す0／1の変数で、これが今回最適化したい主

な変数となります。またその下の"変数y"とあるのが、地点間の移動順番を示す変数です。これも最適化しますが、主には部分巡回路除去制約のために設定されている変数です。

❸は、先ほどの**移動有無を示す変数を行列形式に変換**しているだけ（値を参照しているだけ）になります。また行・列ごとにTOTAL・最大値とありますが、これは制約条件を定義するためのもので、後ほど詳細に見ていきます。

そして、これらの地点間の移動距離行列と移動有無を示す行列を組み合わせて、セルR4に**合計の移動距離**を示しています。これが目的関数に相当します。この値を最小化することが、今回のゴールです。

最後に、❹に部分巡回路除去制約のためのデータを記載しています。ここから1つずつ内容の詳細を見ていき、最後にソルバーによる最適化を実施していきましょう。

━ 取り扱うデータの確認（前提情報としての移動距離）

まず前提情報としての移動距離を確認しておきましょう。この行列は、行がFrom・列がToとなっています。したがって、セル［図7-3-2］の赤枠部分は、スタート地点 (S) からDまでの移動距離が2であることを示しています。

■ 地点間の移動距離行列［図7-3-2］

（観光地点間の）**移動距離行列**

			S	A	B	C	D	
		TO						
	距離行列		S	A	B	C	D	
F R O M		S		6	5	5	2	S(Start) からDまで移動する場合の、移動距離は2
		A	6		7	4	3	
		B	5	7		3	9	
		C	5	4	3		1	
		D	2	3	9	1		

なお、見てのとおり今回は左上から右下へ斜め45度を軸に左右対称な値（対称行列）になっています。たとえば、S→DもD→Sも同じ値になっているので、**地点間における行きと帰りの距離は同じ**になります。当たり前に思えますが、仮に移動手段が車やバスなどの場合は、一方通行の道が存在すると行きと帰りで移動距離が異なることもあります。実務では気をつけましょう。

▬ 取り扱うデータの確認（変数）

　続いては変数の確認です。［図7-3-3］の**「変数x」（ExcelのセルB12～セルE32）は、地点間の移動有無を示す変数**であり、「From」と「To」はそれぞれ移動地点、「変数」には移動の有無を示す変数値が入っています。今は初期値としてすべて1の値が入っているため、このままだとすべての地点間で移動が起こってしまいます。そこで最適化によって最適解を見つけていきます。

■ 最適化対象の変数を定義する［図 7-3-3］

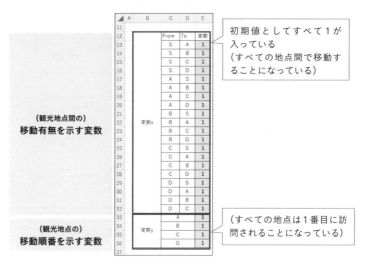

　その下にある**「変数y」（ExcelのセルB33～セルE36）は、各地点の移動順番**

を示す変数であり、「From」から「To」の各地点に対して、「変数」で移動順番を示す変数値となっています。ここも初期値はすべて1となっているため、すべての地点は1番目に訪問されることになっています。これも最適化によって動かしていく値です。

　また下の［図7-3-4］の右側（Excelのセル H12〜セル M17）では、この変数 x である移動有無を示す変数を行列形式に変換しています。変換といっても単に値を参照しているだけです。したがって、行列において C から B への移動有無を示す部分（［図7-3-4］の赤枠）は、左の表（Excelのセル E23）を参照しており、これは先ほどの変数 x における From が C・To が B に相当するセルであることがわかります。単に変換しただけですが、これがあることにより後ほどの制約条件の追加が楽になります。そのためまずは行列形式での変換があることを理解しておきましょう。

■ 移動有無の変数を行列形式で表す［図 7-3-4］

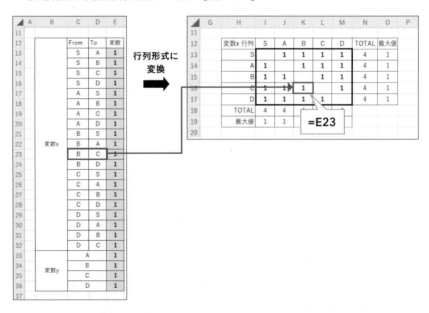

取り扱うデータの確認（目的関数）

　続いて目的関数を定義します。目的関数である総移動距離は先ほど述べた

ように、ここまで定義してきた**地点間の移動距離と地点間の移動有無の情報をかけ合わせることで計算**できます。

このかけ合わせは、前Chapterでも使ったSUMPRODUCT関数で行います。曜日ごとの稼働従業員数を算出する際に、この関数で勤務パターンごとの稼働従業員数と稼働有無（0／1）の配列を計算しましたね。

それと同様に、セルH4〜M9までの移動距離行列と、セルH12〜M17の移動有無行列に関して、これらの**要素ごとのかけ算の合計値を出せば、総移動距離を算出**できます。

それぞれ、From／Toの行列の形で定義されています。そのため引数として定義した配列に対応する要素のかけ算の合計値を返すようにSUMPRODUCT(I5:M9, I13:M17)と定義することで、簡単に計算できます。第1引数のI5:M9が移動距離を示す行列部分、第2引数のI13:M17が移動有無を示す変数の行列部分に相当します。

その結果がセルR4の合計距離（［図7-3-5］の右上の目的関数）で、初期値は90となっています。今は移動有無を示す変数の値がすべて1なので、すべての地点間を移動したら、移動距離の合計は90になることがわかります。この最小値を求めることが今回のゴールです。

■ 総移動距離を計算する［図7-3-5］

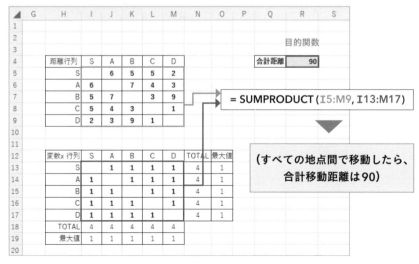

━━ 取り扱うデータの確認（制約条件）

最後は制約条件を確認しましょう。最適化する対象の変数が非負値で整数である条件は、ソルバーで直接定義できます。

一方で、そのほかの制約条件は、ある程度データを準備しておく必要があります。まずは地点間移動に関する制約を考えましょう。1つは、ある箇所（From）から次の箇所（To）までいくかどうかという制約条件がありました。**これは移動有無を表す行列において、各"行"の合計値が1である**という形で表現できました。たとえばStart地点（S）から次の地点までいくかどうかの変数の合計値は、セルI13〜M13の合計値、SUM(I13:M13)として計算でき、それをセルN13（[図7-3-6]の赤枠部分）で定義しています。これをA〜Dの各行でも計算すればよいので、セルN14〜N17まで同様に計算します。N列の"TOTAL"部分が各行の合計値に相当します。また、それらの合計値が1という制約を追加しなければならないので、O列に"最大値"として1という定数を記載してあります。

■ ある箇所から次の箇所までいくかどうかの変数の合計値 = 1 [図7-3-6]

	G	H	I	J	K	L	M	N	O	P
10										
11							=SUM(I13:M13)		(定数1)	
12		変数x 行列	S	A	B	C	D	TOTAL	最大値	
13		S		1	1	1	1	4	1	
14		A	1		1	1	1	4	1	
15		B	1	1		1	1	4	1	
16		C	1	1	1		1	4	1	
17		D	1	1	1	1		4	1	
18		TOTAL	4	4	4	4	4			
19		最大値	1	1	1	1	1			
20										

> **ある箇所から次の箇所までいくかどうかの変数の合計値 = 1**（制約条件）

これと同様に、ある箇所（To）に移動する前の箇所（From）は1箇所であるという制約条件も考えられます。これは**移動有無を表す行列において、各"列"の合計値が1である**という形で表現できます。

［図7-3-7］の赤枠部分のように、Start地点（S）に移動する前の地点候補の変数の合計値はセルI13～I17の合計値、SUM(I13:I17)として計算でき、それをセルI18（［図7-3-7］の赤枠部分）にて定義しています。これを、A～Dの各列で計算すればよいので、セルJ18～M18まで同様に計算します。18行目の"TOTAL"部分が各列の合計値に相当します。また、それらの合計値が1であるという制約を追加しなければならないので、19行目の"最大値"として1という定数を記載しておきます。

■ 前の箇所からある箇所までいくかどうかの変数の合計値 = 1［図 7-3-7］

	G	H	I	J	K	L	M	N	O	P
10										
11										
12		変数x 行列	S	A	B	C	D	TOTAL	最大値	
13		S		1	1	1	1	4	1	
14		A	1		1	1	1	4	1	
15		B	1	1		1	1	4	1	
16		C	1	1	1		1	4	1	
17		D	1	1	1	1		4	1	
18		TOTAL	4	4	4	4	4			
19		最大値	1	1	1	1	1			
20										

=SUM(I13:I17)

（定数1）

前の箇所からある箇所までいくかどうかの変数の合計値 = 1(制約条件)

また、サブツアーを排除する部分巡回路除去制約を追加するために、移動順番を示す変数が必要でした。それはセルE33～E36に相当します。まずは、これらの変数が順番であることを保証したいので、それぞれの変数値に関して**最小値は1・最大値は全移動先の数（今回は4）**という制約を追加します。その情報を保持しておくため、セルF33～F36に最小値である1を、セルG33～G36に最大値である4を定義しておきます。後ほどソルバーで制約条件を追加するときに、これらのセルを活用しましょう。

■ 移動順番を示す変数の最小値・最大値 ［図7-3-8］

		From	To	変数	(Min)	(Max)
変数x		S	A	1		
		S	B	1		
		S	C	1		
		S	D	1		
		A	S	1		
		A	B	1		
		A	C	1		
		A	D	1		
		B	S	1		
		B	A	1		
		B	C	1		
		B	D	1		
		C	S	1		
		C	A	1		
		C	B	1		
		C	D	1		
		D	S	1		
		D	A	1		
		D	B	1		
		D	C	1		
変数y		A		1	1	4
		B		1	1	4
		C		1	1	4
		D		1	1	4

（観光地点の）移動順番を示す変数

$1 \leqq$ 移動順番を示す変数 $\leqq 4$
（制約条件）

　最後は、部分巡回路除去制約のための制約式です。これらの情報は、セルI31〜L44に定義しています。部分巡回路除去制約の制約式は、"Fromの順番−Toの順番＋4×移動有無 ≦ 3" として定義できると前Sectionで紹介しました。この式からFrom／Toの地点がどこかということを参照する必要があるので、セルI33〜I44を "From" 部分、セルJ33〜J44を "To" 部分として定義しています。A〜Dの各地点間のFrom／Toの全組み合わせ12通り（12行分）が存在しています。

　そして定数4は、セルK33〜K44の "Value" 部分で定義しています。そのまま "4" としてもよいですが、これは地点数を示しているので、A〜Dの個数ということでCOUNTA(\$C\$33:\$C\$36) としています（［図7-3-9］の黒枠部分）。最後の右辺の定数3はセルL33〜L44の "Max" 部分で、全移動先ということでCOUNTA(\$C\$33:\$C\$36) − 1として定義しています。

　たとえば、D→Bに関する制約式を参照したい場合は、セルI43〜L43を見ます。Dの順番をy_D、Bの順番をy_B、DからBまでの移動有無をx_{DB}とすると、制約式は $y_D − y_B + 4x_{DB} \leqq 3$ と記載できます。

その左辺に相当するのがセルK43で、y_Dに相当するセルE36、y_Bに相当するセルE34、x_DBに相当するセルE31を参照する形で、以下のように式を書けます。

$$\text{E36} - \text{E34} + \text{COUNTA(\$C\$33:\$C\$36)*E31}$$

■ 部分巡回路除去制約に関する制約式［図7-3-9］

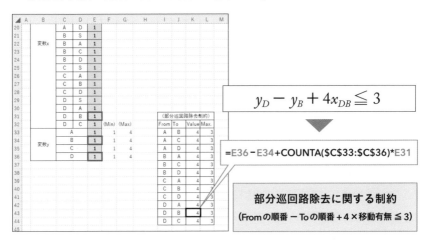

あとは、同様にほかの11通りの組み合わせに関しても計算します。セル参照が少々煩雑なので、すべてファイルに記載してあります。あとは、"Max" 部分の右辺 "3" 以下になるように、ソルバーに制約条件を追加すればよいでしょう。

━ 総移動距離を最小化する最適ルートを求める

さて、いよいよExcelのソルバー機能で最適化を実施しましょう。ソルバーを起動して以下のように設定します。ソルバーのパラメータは［図7-3-10］に記載しています。

1. 「移動距離の合計」を目的関数とするため、［目的セルの設定］にセルR4を絶対参照で指定します（［目標値］は［最小値］とする）❶。

2. 次に、［変数セルの変更］に、変数である「地点間の移動有無」「各地点の移動順番」に該当するセル範囲E13:E36を絶対参照で指定します❷。

3. ［制約条件の対象］の［追加］ボタンをクリックし、ダイアログボックスを操作し、以下の制約条件を追加します❸。

- 各変数が整数となるように、「$E$13:$E$36 = 整数」を追加（整数は［int］を選択）

- 移動順番を示す変数が4以下となるように、「$E$33:$E$36 <= $G$33:$G$36」を追加

- 移動順番を示す変数が1以上となるように、「$E$33:$E$36 >= $F$33:$F$36」を追加

- 前の箇所からある箇所までいくかどうかの変数の合計値が1となるように、「$I$18:$M$18 = $I$19:$M$19」を追加

- ある箇所から次の箇所までいくかどうかの変数の合計値が1となるように、「$N$13:$N$17 = $O$13:$O17」を追加

- 部分巡回路除去に関する制約のために、「$K$33:$K$44 <= $L$33:$L$44」を追加

4. 対象変数を非負とするために、［制約のない変数を非負数にする］にチェックを入れます❹。

5. ［解決方法の選択］で［GRG非線形］が選択されていることを確認し❺、

6. ［解決］ボタンをクリックし、最適化を実行します❻。

　今回は、各変数が整数であり、かつ非負数である必要がありました。前Chapterで紹介したとおり、整数であるという制約は［制約条件の対象］で［追加］をクリックすることができます。上記3の2番目に記載のとおり、対象とするセルを整数（int）であると指定します。

　一方で、非負数であるという制約条件は、上記4のように、［制約のない変数を非負数にする］というチェックボックスによって制御しましょう。

■ Excel ソルバーによって最適化する［図 7-3-10］

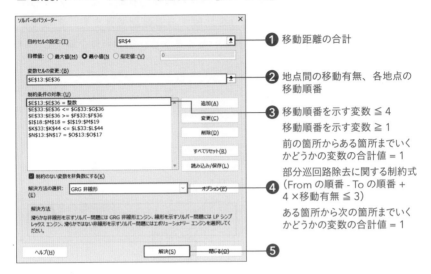

❶ 移動距離の合計

❷ 地点間の移動有無、各地点の
移動順番

❸ 移動順番を示す変数 ≦ 4
移動順番を示す変数 ≧ 1
前の箇所からある箇所までいく
かどうかの変数の合計値 = 1

❹ 部分巡回路除去に関する制約式
（From の順番 - To の順番 +
4 ×移動有無 ≦ 3）
ある箇所から次の箇所までいく
かどうかの変数の合計値 = 1

❺

さて、最適化した結果を確認しておきましょう。最初の確認ポイントとしては、変数であるセル範囲 \$E\$13:\$E\$36 が変わっているかどうか（［図7-3-11］の赤枠部分）です。変数の値がきちんと整数かつ非負数になっているかどうかという点にも注意しましょう。

次ページの［図7-3-11］（あるいは皆さんの手元のExcel）を見ると、まず移動有無の変数に関しては、すべて1だった状態からいくつかの変数は1であるが、そのほかは0となっています。また移動順番を示す変数に関しては、Aが3、Bが1、Cが2、Dが4と、きちんと1、2、3、4という順番が割り振られていそうです。

また、目的関数の「合計距離」がより小さな値になっている（［図7-3-11］右上の赤枠部分）かどうかも確認しておきましょう。今回は、初期値の90に比べて最適化結果は17となっています。このことから、最適化によってきちんとより小さな値になっていることが見てとれます。

また、制約条件（［図7-3-11］の黒枠部分）も確認しておきましょう。まずは移動順番を示す変数ですが、これは先ほど確認したように、1から4の間に収まっています。また、地点間移動の制約である、"前の箇所からある箇所までいくかどうかの変数の合計値が1"、"ある箇所から次の箇所まで

いくかどうかの変数の合計値が1"、というのは移動有無を表す行列における"TOTAL"と"最大値"の部分を比較すると確認できます。きちんと"TOTAL"のすべての値が1になっていることから、制約条件を満たしていそうです。

■ 最適化後の結果 [図 7-3-11]

移動有無と移動順番を示す変数

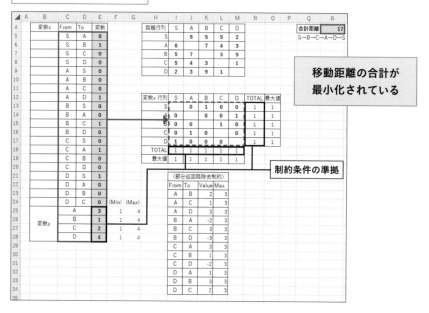

変数x	From	To	変数
	S	A	0
	S	B	1
	S	C	0
	S	D	0
	A	S	0
	A	B	0
	A	C	0
	A	D	1
	B	S	0
	B	A	0
	B	C	1
	B	D	0
	C	S	0
	C	A	1
	C	B	0
	C	D	0
	D	S	1
	D	A	0
	D	B	0
	D	C	0

変数y		(Min)	(Max)
A	3	1	4
B	1	1	4
C	2	1	4
D	4	1	4

距離行列

	S	A	B	C	D
S		6	5	5	2
A	6		7	4	3
B	5	7		3	9
C	5	4	3		1
D	2	3	9	1	

変数x行列

	S	A	B	C	D	TOTAL	最大値
S		0	1	0	0	1	1
A	0		0	0	1	1	1
B	0	0		1	0	1	1
C	0	1	0		0	1	1
D	1	0	0	0		1	1
TOTAL	1	1	1	1	1		
最大値	1	1	1	1	1		

（部分巡回路除去制約）

From	To	Value	Max.
A	B	2	3
A	C	1	3
A	D	3	3
B	A	-2	3
B	C	3	3
B	D	-3	3
C	A	3	3
C	B	1	3
C	D	-2	3
D	A	3	3
D	B	2	3
D	C	2	3

合計距離 **17**
S→B→C→A→D→S

移動距離の合計が最小化されている

制約条件の準拠

また、部分巡回路除去制約に関しても、"Value"値が"Max"の3以下となっているか確認しておきましょう。すべての組み合わせ（行）に関して満たされていれば、きちんと最適化ができている証拠です。

今回の最適化の結果である最適解において、移動有無に関する下記の変数が1となっているでしょうか。

- (From)S → (To)B：1
- (From)A → (To)D：1
- (From)B → (To)C：1

- (From)C → (To)A：1
- (From)D → (To)S：1

　これらのFrom→Toを組み合わせると、S→B→C→A→D→Sという順番で移動していることがわかるでしょう。補足として移動順番に関する変数の値を見ても、

- A：3
- B：1
- C：2
- D：4

となっていることから、S→B(1番目) →C(2番目) →A(3番目) →D(4番目)→Sという順番は、整合性がありそうです。これは当初の要件であり、かつ巡回セールスマン問題の要件でもある下記の点を、しっかりと満たしていそうです。

- 訪問したい観光地点 (A~D) をすべて訪問する
- 訪問する観光地点は、それぞれ1回の訪問とする
- スタート地点から出発し、同じスタート地点に戻ってくる

　これで、B→C→A→Dの順番で観光することで移動距離が最小になりそうです。リアルな世界では、たかだか4箇所では自分でGoogle Mapなどで調べてしまえば事足りるでしょう。しかし、もし訪問したい地点が10箇所、20箇所と増えたらどうでしょうか。自分でパッと最短距離を見つけるのは難しそうです。そのようなときに、今回のルート最適化を適用することで移動距離が最小になる観光ルートを見つけられるでしょう。
　また、今回の例は観光ルートだけではなく、物流や営業などさまざまな場面で応用の可能性を秘めています。今回の演習を通じて、この場面・ケースで適用できるかもしれないと思ったら、ぜひ実際に応用して解いてみるとよいでしょう。

近似解を探し出す - メタヒューリスティックス
解法の導入

　本Chapterで取り扱ったルート最適化のような問題は、問題の規模が大きくなると解の組み合わせが爆発的に増えてしまい、すべての組み合わせの候補の中から最適な解（"大域的最適解"）を現実的な計算時間内で見つけることは、ほぼ不可能であることが知られています。このような場合、大域的最適解と対をなす"局所的最適解"をうまく見つけて、（言い方は悪いですが）その解で妥協する必要があります。

　そのような近似解を求めるための最適化アルゴリズムの1つに、**「メタヒューリスティクス解法」**というアプローチが存在します。これは**比較的短い計算時間でもって、ある程度よい近似的な解を見つけ出すアプローチ**なのですが、汎用性の高い解法であることが知られています。汎用性が高いというのは、要は**どのような最適化問題であっても同様に適用できる**解法ということです。ルート最適化でも、スケジュール最適化でも、どのような最適化問題でもメタヒューリスティクス解法は適用できるため、実務でしばしば用いられます。

　メタヒューリスティクス解法には、いくつかの解法が存在します。どれも難易度が高いので詳細は省きますが、**「遺伝的アルゴリズム」「焼きなまし法」「蟻コロニー最適化」**といったアルゴリズムがあります。名前を見るとどれも生物や物理現象のようなイメージを受けるでしょうか。実際にメタヒューリスティクス解法は、生物の自然淘汰や進化過程などの現象が、まさに"自然界における最適化現象"であると捉え、その現象をうまく最適化アルゴリズムとして取り入れているのです。

　本書でも述べた通り、Excelのソルバーがブラックボックス的に処理をしてしまっているので、ユーザーである私たちが最適化アルゴリズムについて気にする機会は多くありません。しかしメタヒューリスティクス解法というものを知っておくと、数理最適化の研究者や技術者との会話で、役に立つかもしれません。

Appendix

泥棒の問題を、
Excelで解いてみよう

━ 学んだ内容を生かして「泥棒の問題」を解いてみよう

　Chapter1では、数理最適化の導入編として「泥棒の問題」という事例を取り上げました。これは「ナップサック問題」という有名な問題としても知られています。この問題を通じて、ビジネスや身近な世界において数理最適化を適用するイメージがついたのではないでしょうか。

　Appendixでは、この泥棒の問題を、これまで学んだExcelのソルバー機能を使って解いてみましょう。ここまで読み進めた方は、今回の泥棒の問題であれば解けるはずなので、まずはご自身でAppendixを見ないで解けるか、腕試しをしてみるとよいでしょう。

　ダウンロード提供している「chap1_knapsack_problem.xlsx」ファイルに必要な情報を格納しています（chap1_knapsack_problem_answer.xlsx ファイルが解答例のファイルとなります）。

　最初のChapterの話だったので、Excelを操作する前に問題を復習しておきましょう。今回取り上げる泥棒の問題は、（海賊が探し当てた）**いくつかの財宝のうち、宝箱に入る重量の上限に収まる範囲内で、価値の合計が最大化されるように、持ち帰る財宝の組み合わせを最適化したい**というものでした。

■「泥棒の問題」［図 A-1］

	価値	重量
イヤリング	600	50
ネックレス	200	30
懐中時計	1,400	125
指輪	500	75
宝石箱	150	400
王冠	1,000	125
ドレス	3,500	500
金の延べ棒	2,800	300
金貨	1,000	100
宝石	6,000	700

できるだけ高く儲けたいから、価値が一番高くなるように金品を持って帰りたい。

ただ、自分の宝箱にはある程度の重さまでしか、荷物は入れられない。

さて、どの金品を持ち帰るのがよいのだろうか……?

■■■「泥棒の問題」を定式化

　この問題を数理最適化で解くにあたって、まず問題を定式化する必要があります。この定式化も Chapter1 ですでに取り上げました。少し難しいですが、すべて数式的に記述すると、以下の形で定式化できます。

■「泥棒の問題」を数式で定式化する［図 A-2］

[定式化]

$$Maximize \quad \sum_{i}^{N} value_i \times x_i$$

$$Subject\ to \quad \sum_{i}^{N} weight_i \times x_i \leqq W$$

$$x_i \in \{0,1\},\ i = 1,2,3,\ldots,10$$

x_i ：変数。財宝 i を入れるか入れないか（0/1）

$values_i,\ weight_i$ ：財宝 i における、価値・重量

W ：変数。財宝 i を入れるか入れないか（0/1）

　ただしこのままだと、ある程度数式に対する理解が必要となり、ソルバーを使って解くのが難しそうです。そこで、もう少しわかりやすい形に直し、それをソルバーで実現する流れで解き進めていきましょう。

　まず、最適化したい変数は［図 A-2］における x_i です。これは各財宝を宝箱に入れるか入れないか？という変数です。ここまで学んだ皆さんであればわかると思いますが、この変数は「入れる =1」か「入れない =0」の2値しかとり得ないので、（連続最適化ではなく）**組み合わせ最適化問題**として考えられます。今回は計10個の金品が対象となるので、変数は10個です。

　そして、今回の目的関数は**合計価値の最大化**です。［図 A-2］の定式化におけるMaximizeの部分にそれが表されています。全10個の財宝のうち、宝箱に収める財宝の価値の合計値が目的関数になります。宝箱に収める財宝は

x=1となるので、価値valueとxをかけると、そのままvalueになり、一方で宝箱に入れない財宝はx=0となるので、価値valueとxをかけると0になります。したがって、**各財宝iのx_iと対応する価値$value_i$をかけ、全財宝で足し上げる。**つまり$value_i$ × x_i の総量とシンプルに表現することで、宝箱に入れた財宝の合計の価値を計算できるのでした。

制約条件としては、**宝箱に入れた財宝の合計の重量が、宝箱の重量の上限値以下**になっている必要があります。これは［図A-2］の*Subject to.*の部分に定式化されています。

ここまでの内容を日本語として、Excelのソルバーに落とし込めるレベルで定式化し直してみましょう。

■ 日本語で「泥棒の問題」の定式化を考える［図A-3］

［定式化］

最適化対象の変数：財宝1～10を入れるか入れないかのフラグ（0/1）

(目的関数)
Maximize：宝箱に入れた財宝の合計価値

(制約条件)
Subject to：宝箱に入れた財宝の合計重量 ≦ 重量上限値
　　　　　　　財宝1～10の各変数 ≦ 1
　　　　　　　財宝1～10の各変数 = 整数、かつ、非負数

最適化対象となる変数は、［図A-2］におけるx_iと同じことですが、財宝1から財宝10のそれぞれを入れるか入れないかの0／1のフラグとなります。また、目的関数は先ほど記載したように、**宝箱に入れた財宝の合計価値**です。これは財宝を入れるか入れないかという変数と、対応する各財宝の価値のかけ合わせによって計算できます。

最後に制約条件が少しトリッキーなのですが、Excelのソルバーで解ける形に直しています。まず制約条件の1つ目は、先ほど記載したように宝箱に

入れた財宝の合計重量が、宝箱の重量上限値以下になっているという点です。これも、財宝を入れるか入れないかという変数と対応する各財宝の重量のかけ合わせを、定数としての上限値と比較すればよいです。

　加えて、今回は変数が0か1かのフラグとなっています。この"0／1のフラグ"をうまく記述する必要があります。いくつかのやり方があるので、今回はそのうちの1つと考えておいてください。まず、値としては0か1なので、**財宝1〜10の各変数は1以下**であることは必然です。それが、［図A-3］の制約条件の2つ目として記述されています。ただし、これだけでは不十分です。変数の値が－5や0.3といった値もとり得てしまいます。そこで、**財宝1〜10の各変数が整数であり、かつ非負の数**という制約を加えます（［図A-3］の制約条件の3つ目）。非負の数というのは、簡単にいえば0以上の数です。これで、0、1、2……という正の整数に絞られます。そして、制約条件の2つ目と合わせることで、対象の変数は、0か1のどちらかしかとらない値にすることができます。少しややこしい制約条件の定義方法ですが、Excelのソルバーがこのようなパラメータの設定の仕方になっているので、それに対応する形で［図A-3］のように定式化しているという背景があります。

■ 財宝のデータを準備

　さて、ここからがExcelによる最適化のステップになります。まずは対象とする財宝のデータの準備をしましょう。

　ダウンロードした「chap1_knapsack_problem.xlsx」ファイルのセルB3〜D14に、財宝ごとの価値・重量、そして全財宝の合計価値・合計重量のデータが記載されています。4行目から13行目まで、合計10種類の財宝があり（財宝の名前はテキトウなので、特に意味はありません）、それぞれに対応する価値・重量の値が格納されています。そして14行目に、価値と重量それぞれにSUM関数を使って、合計価値・合計重量を算出しています。

■ 財宝のデータ（価値と重量）［図 A-4］

	重量	価値	
イヤリング	600	50	財宝ごとの、価値・重量の値
ネックレス	200	30	
懐中時計	1,400	125	
指輪	500	75	
宝石箱	150	400	
王冠	1,000	125	
ドレス	3,500	500	
金の延べ棒	2,800	300	
金貨	1,000	100	
宝石	6,000	700	
Total	17,150	2,405	全財宝の、価値・重量の合計値

　データを軽く眺めてみると、指輪やイヤリングなどは価値はそこまで高くないですが重量値が小さく、その一方でドレスや宝石などは、価値は高いが重量値が大きい、といった傾向になっていそうです。このままだと、どの財宝を入れればよいか？というのは、すぐにはわからなさそうです。そこで、Excelのソルバー機能を使って最大価値となる組み合わせを見つけていきましょう。

変数・目的関数・制約条件のデータを定義

　準備の最後として、最適化するための変数、目的関数、制約条件を、明確に定義しておきましょう。［図A-5］に記載したような、対象ファイルのセルF3～I16あたりを見てください。まず今回は、ケーススタディとして宝箱の重量の上限値が1000と1500の2パターンを用意しています。それぞれ、CASE1、CASE2と書かれた列に対応していますが、どちらも情報量としては同じです。

■ 変数・目的関数・制約条件のデータを定義 [図 A-5]

	E	F	G	H	I	J
1						
2						
3			CASE1	CASE2		
4			0	0	1	
5			0	0	1	
6			0	0	1	
7			0	0	1	
8		財宝を入れるか	0	0	1	
9		入れないか？	0	0	1	
10		を示す変数	0	0		
11			0	0		
12			0	0		
13			0	0		
14		価値合計	0	0		
15		重量合計	0	0		
16		宝箱の最大重量	1000	1500		
17						

各変数を1以下の値にするための制約条件の追加時に使用

重量の上限値は2パターンを用意

4行目から13行目は、各金品に対応する形でそれぞれの財宝を入れるか入れないかを示す変数のセルとなっています。ひとまずは、初期値としてすべて0が格納されています。

そして、それらの0／1の変数と、［図 A-4］の価値のかけ合わせである合計価値を、以下のような計算式として表現できます。

- CASE1の価値合計 = SUMPRODUCT(C4:C13, G4:G13)
- CASE2の価値合計 = SUMPRODUCT(C4:C13, H4:H13)

SUMPRODUCTというのは、**引数として定義した配列に対応する要素の積（かけ算）を合計した値を返す関数**です。C4:C13は、各財宝の価値の値であり、G4:G13、H4:H13はそれぞれCASE1と2における0／1の変数となっています。したがって、上記の計算式によって財宝ごとの0／1の変数と価値のかけ合わせを表現できます。

また、合計重量に関しても、まったく同様の計算式で表現できます。SUMPRODUCT関数において、各財宝の価値ではなく、重量部分（セル

D4:D13) を参照すればよいでしょう。

- CASE1の重量合計 = SUMPRODUCT(D4:D13, G4:G13)
- CASE2の重量合計 = SUMPRODUCT(D4:D13, H4:H13)

　また、この重量合計は宝箱の最大重量と比較する必要があります。セル G16にはCASE1での重量の上限値1,000、セルH16にはCASE2での重量 の上限値1,500が格納されています。つまり**重量の合計値が、CASE1では 1,000、CASE2では1,500以下となるような、0／1の変数の値の組み合わ せとなっている必要**があります。

　最後に、少し薄い色になっていますが、セルI4からセルI13に"1"が記 載されています。これは、先ほど［図A-3］で定義したように、対象変数が 1以下になる制約条件を追加する必要があり、その制約条件を定義するため に必要な値となります。

━━ ソルバーのパラメータを定義

　さて、あとはソルバーで最適化を実施しましょう。これまでと同様に、 ［データ］タブにおける［ソルバー］をクリックし、ソルバーのパラメータ を定義していきましょう。

　まずはCASE1から定義していきます。［図A-6］と合わせて、以下のよう にパラメータを設定します。

1 「宝箱に入れた財宝の合計価値」を目的関数とするために、［目的セ ルの設定］にセルG14を絶対参照で指定します（［目標値］は「最大値」 とする）❶。

2 次に、［変数セルの変更］に、変数である「各財宝を入れるか入れな いか」に該当するセルG4:G13を絶対参照で指定します❷。

3 ［制約条件の対象］の［追加］ボタンをクリックし、ダイアログボッ クを操作し、以下の制約条件を追加します❸。

- 宝箱に入れた財宝の合計重量が、重量上限値以下となるように、

「$G$15 <= $G$16」を追加

- 財宝1〜10の各変数が1以下となるように、「$G$4:$G$13 <= $I$4:$I$13」を追加
- 財宝1〜10の各変数が整数となるように、「$G$4:$G$13 = 整数」を追加（整数は"int"を選択）

4 対象変数を非負とするために、[制約のない変数を非負数にする] にチェックを入れます❹。

5 [解決方法の選択] で [シンプレックス LP] が選択されていることを確認し（[GRG非線形] でもOK）❺、

6 [解決] ボタンをクリックし、最適化を実行します❻。

■ CASE1 におけるソルバーのパラメータ［図 A-6］

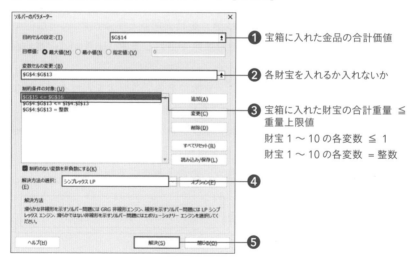

❶ 宝箱に入れた金品の合計価値

❷ 各財宝を入れるか入れないか

❸ 宝箱に入れた財宝の合計重量 ≦ 重量上限値
財宝 1 〜 10 の各変数 ≦ 1
財宝 1 〜 10 の各変数 ＝ 整数

ここまでのChapterを学んでいれば、問題なく操作できるはずです。解決方法に関しては、（少し数学的な話になってしまいますが）今回は目的関数の式が線形になっているため、[シンプレックス LP] でも解けるようになっていますが、[GRG非線形] でも同様の解が出力されるはずです。ただし [シンプレックス LP] のほうが高速に解けるので、基本的にはこちらを選択してお

けば問題ないでしょう。

❹の［〜変数を非負数とする］というチェックは、ある種、制約条件の追加と同等なのですが、ここだけチェックボックスによる操作となっているので注意しましょう。

また、CASE2もほとんど同様のパラメータ設定となっているので、ここで一緒に紹介します。実際に手を動かす際には、一度CASE1の最適化を実行し、最適化の結果を確認したうえで、CASE2用にパラメータ定義・最適化実行を試してみてください。

CASE2における、ソルバーのパラメータの設定を下記そして［図A-7］にて紹介します。先ほどのCASE1とまったく同じですが、変数・目的関数・制約条件の情報が格納されているセルが違っているので、その点だけ注意しておきましょう。

1 「宝箱に入れた財宝の合計価値」を目的関数とするために、［目的セルの設定］にセルH14を絶対参照で指定します（［目標値］は「最大値」とする）❶。

2 次に、［変数セルの変更］に、変数である「各財宝を入れるか入れないか」に該当するセルH4:H13を絶対参照で指定します❷。

3 ［制約条件の対象］の［追加］ボタンをクリックし、ダイアログボックスを操作し、以下の制約条件を追加します❸。

● 宝箱に入れた財宝の合計重量が、重量上限値以下となるように、「$H$15 <= $H$16」を追加

● 財宝1〜10の各変数が1以下となるように、「$H$4:$H$13 <= $I$4:$I$13」を追加

● 財宝1〜10の各変数が整数となるように、「$H$4:$H$13 = 整数」を追加（整数は"int"を選択）

4 対象変数を非負とするために、［制約のない変数を非負数にする］にチェックを入れる❹

5 ［解決方法の選択］で［シンプレックスLP］が選択されていることを確認し（［GRG非線形］でもOK）❺、

6 ［解決］ボタンをクリックし、最適化を実行します❻

■ CASE2におけるソルバーのパラメータ［図A-7］

❶ 宝箱に入れた金品の合計価値

❷ 各財宝を入れるか入れないか

❸ 宝箱に入れた財宝の合計重量 ≦ 重量上限値
財宝1〜10の各変数 ≦ 1
財宝1〜10の各変数 = 整数

❹

❺

▬ 最適化の結果を確認する

　実行した最適化結果を確認しておきましょう。［図A-8］に最適化後の結果を図示しています。自分で最適化を実施してみた場合は合っているか確かめましょう。G列にCASE1、H列にCASE2の結果が格納されていますが、一緒に出力されているわけではなく、先ほどのパラメータの設定→最適化の実行をそれぞれ実施した結果となっている点に注意してください。

　まずCASE1から確認します。見ると、上から1、3、6、10番目の、イヤリング、懐中時計、王冠、宝石に1が付与されている。つまり宝箱に入れるべき財宝であることがわかります。これらの財宝の合計価値は9,000であり、合計重量は1,000となっています。 CASE1の重量の上限値は1,000なので、ちょうど上限値ピッタリになっています。この制約でいちばん価値が高い財宝の組み合わせはパッとはわかりませんが、表示された組み合わせが最も価値の高い組み合わせなのでしょう。また、そのほかの制約もきちんと守られている、つまり変数の値は0か1のどちらかの値しかとっていないことも見てとれますね。なお、今回のケースの場合、合計価値がいちばん高くなる財

宝の組み合わせは複数あるので、異なる最適解になる場合もあるかもしれませんが、きちんと合計価値が9,000となっており、合計重量が制約条件を満たしていれば問題ありません。

　一方でCASE2はどうでしょうか。上から1、3、4、6、8、9、10番目の、イヤリング、懐中時計、指輪、王冠、金の延べ棒、金貨、宝石に1が付与されており、宝箱に入れるべき財宝であることがわかります。CASE1より多くの財宝が選択されており、合計価値は13,300となっています。また合計重量は1,475と、上限値の1,500を少しだけ下回っています。重量の上限値がCASE1より大きいので、より多くの財宝を選択できたと解釈できるでしょう。結果的に、宝箱に入れた際の合計価値もCASE1よりも増えています。

■ 最適化結果の確認［図 A-8］

	CASE1	CASE2	
	1	1	金品ごとに、ナップサックに入れるものは1、それ以外は0となっている
	0	0	
	1	1	
	0	1	
	0	0	
	1	1	
	0	0	
	0	1	
	0	1	
	1	1	
価値合計	9000	13300	価値の合計が最大化されている
重量合計	1000	1475	重量の合計が、重量の上限値以下となっている
宝箱の最大重量	1000	1500	

　これで、Excelのソルバーを使って、「泥棒の問題」を解くことができました。ここまでのChapterを学んでいれば、そこまで難しく感じなかったのではないでしょうか。このように、比較的小さくシンプルな問題であれば、Excelのソルバーでしっかりと最適化ができるということを、本書を通じて理解していただければうれしいかぎりです。

おわりに

　本書を最後まで読み進めていただき、どうもありがとうございました。本書では、数理最適化という日常生活やビジネスの現場で活用可能性の高い技術について、できるだけ数式を使わずに紐解いて説明しました。また読者の皆さんに、社会・日常生活での活用やビジネスの施策適用につなげていく具体的なイメージが湧くように意識して執筆しました。もちろん、実務や実社会では本書のケースのように簡単にはいかないことも多いです。そのため、さらなる応用に向けてまだまだ書き足りないこともありますが、最初の学習として押さえておきたいポイントを、紙幅の許す限り盛り込んだつもりです。

　本書の内容に関して、新しい発見が多かったり、少しでもご自身の生活・業務への活用の可能性が見いだせたりしたのであれば、これほど嬉しいことはございません。そうなれば大変幸いですが、とはいえ、理解が難しかった部分もあるはずです。しかし、一度に本書の内容をすべて理解する必要はありません。私自身も、最初に数理最適化に関する分野を学び始めた際は、理解が及ばないことも数多くありました。実際に学び始めの際には、買った本を何度も読み返して、さまざまな文献やWeb上の情報を収集し、そして何より実際の現場で数理最適化の活用をしていくなかで、徐々に理解を深めていきました。その過程で、実務的に押さえるべきポイントやそこまで重要ではないポイントなどもだんだんとわかるようになってきました。とはいえ私も道半ばで、まだまだ学ぶ必要があることが非常に多いです。

　本書を読んで「数理最適化、ちょっと難しいな……」と感じた方もいるかもしれませんが、わからない部分があれば何度も読み返してみてください。また、ほかの本やWeb上の情報を収集することで、理解を深めていくこともできるでしょう。そして、可能であれば、ぜひ何かしらの形で実践をしていただくことをおすすめします。日常生活や、ご自分が所属している会社

やチームなどで、数理最適化を使って課題が解決できそうな部分があれば、チャレンジしてみるとよいでしょう。本書で学んできたように、規模が大きすぎたり、複雑すぎたりする問題でなければ、Excelのソルバー機能を使って解くことができるはずです。解くことさえできれば、後はその結果を使って現実世界の意思決定に役立てればOKです。完璧に数理最適化の結果通りではなくとも、少しでも意思決定の支援になれば良いかなと思います。

　もし本書の内容ではちょっと物足りないと感じた場合は、ぜひさらなる学びにチャレンジしてみてください。数理最適化に関して、例えば中身のアルゴリズムの理解といった、より難しいトピックを学ぶもよし、またはExcelだけではなくプログラミング言語であるPythonを使った数理最適化を学ぶのもよいと思います。あるいは、昨今話題の機械学習や統計解析といった、データサイエンスに関する別分野を学ぶもよいでしょう。私自身も、最近話題のChatGPTといった波に乗るべく、生成AIに関して勉強しています。

　そうは言っても、数理最適化やAI・データサイエンスを活用する目的を忘れないようにしましょう。数理最適化を解くこと、それ自体は「目的」ではありません。「意思決定を最適化したい」「ビジネス価値を最大化したい」といった目的に対する「手段」であることを常に意識するようにしましょう。そのうえで、本書を読んで数理最適化に興味を持ち、その技術を活用することのおもしろさを体感し、日常生活や現場での新たなチャレンジとして取り組んでいただければ、うれしいかぎりです。

　最後に、私自身、企業様中心に、さまざまな方々に数理最適化を中心として、AI・データサイエンスに関わるコンサルティング・開発支援や教育、ソリューション開発などの支援をしていますので、もし実務での新たなチャレンジとして数理最適化・AI・データ活用の取り組みを考えられそうな方は、いつでも気軽にお問い合わせ・ご相談ください。ぜひ、いろいろとディスカッションしましょう。

2023年 夏 三好大悟

学びを深める、ビジネスに使える データサイエンス入門書

数学が苦手でも大丈夫！

統計学の基礎から学ぶ Excelデータ分析の全知識 （できるビジネス）

著者:三好大悟
ページ数:272
定価:1,980円（本体1,800円＋税10%）

データ分析で必要な知識をすべて学べる解説書です。Excelを使ったデータ分析を実践しながら、統計学の基礎が身につきます。本書で登場した「商品単価と売上個数の相関関係」や「平均値・中央値・標準偏差」などを求めて活用するデータ分析の手法をより詳しく学べます。

AIの仕組みからわかる！

ビジネスの現場で使える AI&データサイエンスの全知識 （できるビジネス）

著者:三好大悟
ページ数:272
定価:1,980円（本体1,800円＋税10%）

ビジネスのあらゆる現場で役立つ、データサイエンス入門書の決定版です。「店舗の売上実績を可視化して、発注の精度を上げたい」「AIに画像認識をさせて効率化したい」など具体的なビジネスの課題を例に、データをビジネス活用するさまざまな手法を解説しています。

著者プロフィール

三好 大悟（みよし・だいご）

慶應義塾大学で金融工学を専攻。大学卒業後、スタートアップのデータサイエンティストとしてコンサルティング事業などに従事。
その後、大手流通小売系の事業会社にて、小売・物流・配送などの事業におけるデータ・AI活用を推進。
株式会社リベルクラフトを設立し、AI開発・データサイエンスに関する受託開発やコンサルティング、教育・トレーニング事業を展開。
daigo.miyoshi@liber-craft.co.jp

スタッフ

ブックデザイン	沢田幸平（happeace）
デザイン制作室	今津幸弘
制作担当デスク・DTP	柏倉真理子
テクニカルレビュー	鎌形桂太
編集	鹿田玄也
副編集長	田淵 豪
編集長	藤井貴志

本書のご感想をぜひお寄せください
https://book.impress.co.jp/books/1122101121

読者登録サービス
CLUB impress

アンケート回答者の中から、抽選で図書カード（1,000円分）などを毎月プレゼント。
当選者の発表は賞品の発送をもって代えさせていただきます。
※プレゼントの賞品は変更になる場合があります。

■商品に関する問い合わせ先

このたびは弊社商品をご購入いただきありがとうございます。本書の内容などに関するお問い合わせは、下記のURL
または二次元バーコードにある問い合わせフォームからお送りください。

https://book.impress.co.jp/info/

上記フォームがご利用いただけない場合のメールでの問い合わせ先
info@impress.co.jp
※お問い合わせの際は、書名、ISBN、お名前、お電話番号、メールアドレス に加えて、「該当するページ」と「具体的な
ご質問内容」「お使いの動作環境」を必ずご明記ください。なお、本書の範囲を超えるご質問にはお答えできないの
でご了承ください。

● 電話やFAXでのご質問には対応しておりません。また、封書でのお問い合わせは回答までに日数をいただく場合があり
　ます。あらかじめご了承ください。
● インプレスブックスの本書情報ページ　https://book.impress.co.jp/books/1122101121 では、本書のサポート
　情報や正誤表・訂正情報などを提供しています。あわせてご確認ください。
● 本書の奥付に記載されている初版発行日から3年が経過した場合、もしくは本書で紹介している製品やサービスにつ
　いて提供会社によるサポートが終了した場合はご質問にお答えできない場合があります。

■落丁・乱丁本などの問い合わせ先
　FAX　03-6837-5023
　service@impress.co.jp
　※古書店で購入された商品はお取り替えできません。

Excelで手を動かしながら学ぶ数理最適化
ベストな意思決定を導く技術

2023年7月21日　初版発行

著者　　　三好大悟
発行人　　高橋隆志
発行所　　株式会社インプレス
　　　　　〒101-0051　東京都千代田区神田神保町一丁目105番地
　　　　　ホームページ　https://book.impress.co.jp/

Copyright © 2023 Daigo Miyoshi. All rights reserved.
印刷所　株式会社暁印刷
ISBN978-4-295-01735-6　C3004
Printed in Japan